小廚娘
邱韻文 著

太感謝了！
有電鍋就會煮

小廚娘邱韻文一鍵搞定80＋零失敗料理

人氣家常菜、低脂雞胸、營養蛋料理、高纖
健康蔬食、在家的元氣早餐、清爽快手海鮮

作者序

「太感謝了！有電鍋就會煮❤」現在料理時，常常會滿懷感激的這樣想！

　　還記得剛開始學做菜，畢竟只是業餘的興趣，每週大概煮個幾次就好，於是總喜歡研究繁複經典的困難料理。但後來結婚、有了孩子，做飯變成日常必須。如何沒有負擔、30分鐘可開飯，成為了每一天的課題，所以「如何輕鬆做出溫暖的家常菜」，漸漸成為下廚的目標，也養成每日做飯的習慣。

　　還記得小時候放學回到家，都期待著電鍋跳起來的聲音與空氣中瀰漫的香氣。每次聽到就要蹦蹦跳跳的到廚房，拉著媽媽的衣角問：「可以開飯了嗎？」和妹妹聞聞蒸氣的味道，猜今天電鍋裡煮的是什麼呢？這是每日傍晚的小樂趣，電鍋裡的飯菜香，應該就是我小時候記憶中幸福的味道吧！

　　繼上本書「電鍋123」出版後，在新手煮婦界引起廣大迴響。「如果只要放進電鍋的話，我也應該也可以！」、「感覺好好吃喔～ 卻只要簡單食材和步驟嗎？」連許多藝人名媛好友都試做回饋，本書參考大家的意見，增添了更多日常情境的單元。從匆忙早餐、自己的午餐、增肌減脂瘦身餐、雞胸料理及快手菜等料理，希望讓讀者感受到，電鍋能為你的日日三餐帶來的小確幸～～～

廚娘
邱韻文❤

目錄 Contents

02　作者序
　　「太感謝了！有電鍋就會煮。」現在料理時，常常會滿懷感激的這樣想。

07　電鍋大小事快問快答 Q&A

Chapter 1　上班日的快手中西式電鍋早餐

11　電鍋幫忙備早餐，好輕鬆
12　彷彿剛出爐的麵包
13　蒸中式麵點還能熱豆漿
14　台南虱目魚粥
16　地瓜糙米粥與小菜
17　干貝絲瓜粥
18　香菇高麗菜粥
20　#電鍋煮飯小技巧#生米煮粥小技巧
21　延伸料理 - 蔬菜雜炊粥

22　熱乳酪雞蛋三明治
23　開放式蔥花肉鬆吐司
24　鮪魚玉米蛋吐司
25　黑糖肉桂蘋果吐司
26　法式布丁吐司
28　巧克力香蕉吐司
29　好香綿的芋泥運用
30　綿密芋泥
31　芋泥肉鬆三明治、芋頭牛奶

Chapter 2　大人小孩都愛元氣蛋料理

33　水煮蛋實驗室
34　你想幾分熟之水煮蛋
36　和風溏心蛋
37　紹興醉蛋
38　惡魔蛋實驗室
39　優格咖哩惡魔蛋
40　酪梨惡魔蛋
41　南瓜惡魔蛋

42　地獄番茄蛋
43　紅玉茶葉蛋
44　日式茶碗蒸
45　松露牛奶蒸蛋
46　玉米雞汁蒸蛋
47　雞蛋豆腐
48　台式醬油蒸蛋

Chapter 3 電鍋低溫煮低脂柔嫩雞胸肉提案

51　試試萬無一失的鹽水法Brining吧！

52　鹽漬嫩雞胸肉

54　藜麥酪梨蘋果沙拉

56　雞胸與檸檬奶油馬鈴薯

57　起司番茄黃瓜雞胸三明治

58　油醋乳酪雞胸花椰溫沙拉

60　鳳梨雞絲黑木耳

61　柚香雞絲冷豆腐

62　東北雞絲大白菜

64　川味雞絲小黃瓜

66　麻醬雞絲寬粉

67　越南雞湯米線

68　越南米線生春卷

Chapter 4 冰箱常備肉肉夠滿足料理

71　泡菜牛肉大醬湯

72　牛肉牛蒡壽喜燒

74　蠔油滑菇芥蘭牛肉

76　沙茶番茄牛肉煲

77　麻油薑絲羊肉

78　沙茶羊肉空心菜

80　孜然洋蔥羊肉

81　泰式檸檬松阪豬

82　豆豉青椒肉片

83　冰箱常備肉丸子

84　梅乾菜肉丸子

85　梅乾菜肉丸子蒸苦瓜

85　絞肉料理不藏私──客家酸菜蒸肉末

86　豆腐乳肉片

87　泰式咖哩套餐

88　泰國香米飯、蝦醬高麗菜

89　椰奶綠咖哩雞

chapter 5　不失敗健康海鮮料理好清爽

91	小黃瓜透抽	102	泰式酸辣海鮮煲
92	XO 醬芹菜透抽	103	和風蛤蜊燉冬瓜
93	軟嫩薑燒魚	104	椰奶咖哩魚片
94	沙茶塔香蛤蜊	105	羅勒番茄蛤蜊
96	芋頭小卷米粉	106	韓式透抽冬粉
98	奶油蒜蓉松露蒸蝦	108	地中海大蝦櫛瓜
100	白酒菠菜蝦仁	109	薑絲豆豉小卷
101	地中海番茄章魚		

chapter 6　好簡單日常蔬食蒸好吃

111	奶油胡蘿蔔絲	117	韭菜豆芽拌豆皮
112	日式胡麻溫野菜	118	黑胡椒奶油洋蔥
114	原味蒸南瓜	119	粉吹芋日式馬鈴薯塊
115	法式白酒高麗菜	120	起司泡菜金針菇
116	起司焗番茄	121	蠔油雪菇西芹

122	我愛用的調味日常分享
124	再度分享廚房料理事

電鍋大小事 快問快答 Q&A

Q1 電鍋蒸煮原理？怎麼煮最好？

A 電鍋的加熱原理，是水煮加上蒸氣隔水加熱，讓水蒸氣對流烹調料理，也可以利用餘溫將食物燜熟。

外鍋底部的溫控裝置，尚未超過攝氏 100 度前，加熱裝置持續作用，直到外鍋水分蒸發燒乾，溫度超過攝氏 100 度後，加熱裝置會停止或切換成保溫功能。保溫功能大約為攝氏 65 度。最適合蒸、煮、燉、滷等多功能，也可以根據本書內容，嘗試看看其他功能喔。

Q2 電鍋買來第一次用要開鍋嗎？

A 如果你首度購買電鍋，非常建議仔細詳閱使用手冊。通常是先用中性清潔劑刷洗，然後放兩杯水在外鍋，放上鍋蓋後按下開關，煮一遍即可。感覺像是簡單的清潔測試，不像其他材質鍋具需要開鍋養鍋那樣複雜。

Q3 電鍋外鍋的水量如何計算？

A 書中寫的杯，是使用原廠所附的量米杯。跟美式烘焙計量的杯單位不同，量米杯容積為 180 毫升，是源於日本度量衡中的一合。通常量米杯會分為十格，不過電鍋料理通常沒有那麼精細的規定，就如同台灣人隨和的個性，可以用輕鬆心情做料理。

另外，外鍋加的水量決定了烹調時間，當水燒乾溫度過高便斷電的安全裝置，我自己實驗是大約外鍋半杯水可以蒸 10 分鐘，一杯水約 15 ～ 20 分鐘，兩杯水約 30 ～ 40 分鐘。

Q4 電鍋開關跳起來才能打開嗎？

A 重點是「烹調時間」！

外鍋加的水量讓開關跳起，也是幫助控制烹調時間。像是水煮蛋、海鮮及綠色蔬菜不能久煮的，最好用手機或計時器設定烹煮時間。這本書內的食譜，除了註明外鍋水量，也有備註大概的烹飪時間，希望能讓你更好理解做出色香味俱全的料理。

Q5 電鍋在煮的過程中如果有焦味，怎麼辦？

A 將內鍋取出，如果確認是外鍋有燒焦，那清潔刷洗外鍋後，再繼續烹調步驟。

如果外鍋並沒有燒焦的髒污，則是內鍋底部有燒焦的狀況。不能去刮底部燒焦的部分，避免整鍋其他食材充滿焦味，此時要先換個內鍋，再繼續烹調。

如果內鍋發生焦底，可能是內鍋底部沒有做凹槽，或是接觸面太大。外鍋底部溫度在水燒乾後，其實會稍微超過 100 度。如果有這樣狀況發生後，放入內鍋前加個蒸架或三枝不銹鋼筷，就能避免直接加熱至燒焦的狀況。

Q6 電鍋的內鍋怎麼選？什麼都能放嗎？

A 除了電鍋本身附的蒸架及內鍋等配件，也可以上網搜尋「電鍋配件」，或是在五金行生活百貨，都可以找到很多電鍋周邊商品。像是蒸蛋架、多層內鍋、蒸架等，可以依照使用需求選購。最棒的是，電鍋配件相較其他廚房家電配件而言，選擇多樣且物美價廉，這就是台灣人的小確幸（笑），廚娘常用的，除了電鍋原本附的大湯鍋，還有另外加購的線型蒸架和雙層可搭配使用的附把手內鍋。

我相當推薦用不鏽鋼便當盒，可以用來製作小分量的料理。

Q7 電鍋煮的食物沒有熟怎麼辦？

A 外鍋續加半杯水，按下開關繼續烹煮。

比較常出現的狀況，像是冷凍包子或粽子中心還是冷冰冰的，建議用筷子在中心戳個洞，或是廚房剪刀稍微剪個開口，讓內裡也可以受到蒸氣加熱。

Q8 電鍋適合做那些料理，還能做那些事？

A 蒸、煮、燉是電鍋最擅長的功能。也可以搭配烘焙紙或烤盤，
做簡單的健康煎烤。像是本書介紹到的烤吐司，溫度合宜很
難烤焦，總是剛剛好的微酥，真心推薦！

Q9 電鍋持續加熱，一直在外鍋重覆加水，會壞嗎？

A 不會壞喲！

為了加長烹調時間，從鍋蓋縫隙加水是沒問題的。但要注意由於高溫狀
態，加水突然湧出的高溫蒸氣，請注意跟自己保持距離避免燙傷。 外
鍋盡量保持在兩杯水以內，避免在加熱時，外鍋水滿溢沸騰滾出來。如
果希望加長烹調時間，待外鍋水煮完，再加水按下開關比較好。

Q10 燉肉熬湯可以用保溫功能持續加熱嗎？

A 如果以內鍋七分滿的狀況，從剛煮沸 100 度降溫至 60 度，大約是三小時。低於 70 度就
會讓細菌開始繁衍，**所以每保溫兩小時後，可以在外鍋加水按下開關，讓他重新煮沸。**
如果會超過三小時不能復熱，請將內鍋取出攪拌加速降溫，感受一下溫度大概到不會燙
手的時候，約攝氏 60 度就可以加入半碗冰塊，蓋上鍋蓋冷藏，三天內要再重新沸騰吃完。
或是分裝冷凍，兩個月內重新沸騰加熱吃掉。

chapter *1*

上班日的
快手中西式電鍋早餐

電鍋幫忙備早餐，好輕鬆！

電鍋對於媽媽來說，真是相當好的朋友，更是台灣人從小到大最熱愛的廚房好幫手，除了煮湯、煮飯、蒸肉菜外，還有許多神奇用法，我真的很想告訴大家，這幾年與電鍋建立起的開心生活模式，還能讓生活更輕鬆更美味。

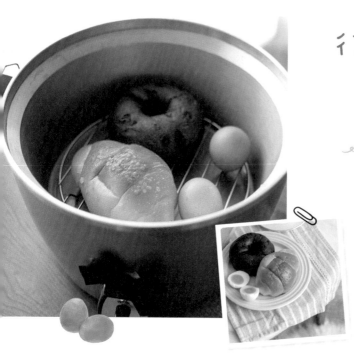

彷彿剛出爐的 麵包

最近很流行的歐式麵包，著重麵糰發酵的天然風味，經長時間發酵能讓麵包充分熟成，散發獨特香氣。剛出爐時濕潤有彈性，若不是當天吃或是一次買多冷凍保存再用烤箱復熱的話，容易變得乾韌難嚼。

經過實驗，我用「**電鍋極少水蒸法，快速加熱冷麵包**」，用充滿水蒸氣的電鍋加熱，麵包會變得熱呼呼有彈性，真的非常推薦！

我也試過用這個方法加熱柔軟的台式麵包或小餐包，只要注意控制水量，也都可以很完美的呈現超美味口感呢！順帶一提，麵包千萬不要冷藏保存，因為冷藏溫度正是讓澱粉劣化的環境，正確的保存方式是將麵包切成方便吃的大小，用夾鏈袋排出空氣的收好，放入冷凍庫約可保存一個月。取出時直接用電鍋復熱後，就會像剛出爐那樣可口喔！

🕐 步驟

外鍋放入兩格水及蒸架，再放入需要加熱的冷凍麵包，按下開關計時約十分鐘即可。

⭐ 二格水一定會在十分鐘內跳起，但不要立刻開蓋，利用餘溫再燜一下更好吃。

🍲 POINT

💡 用條紋蒸架的接觸面積少能避免沾黏。

💡 若用孔洞蒸架需搭配烘焙紙或蒸籠紙防止沾黏。

蒸中式麵點還能熱豆漿

　　早餐如果習慣吃中式的饅頭包子，這會比麵包需要的蒸氣量更大，若直接放上蒸架，麵點底部容易過於濕軟。我常常會在便當盒裡熱豆漿，順道增高蒸架，一舉兩得。（放空便當盒純粹增高也可以）

　　饅頭包子也是用冷凍的方式保存，如果只是常溫加熱或是加熱冷凍小饅頭，外鍋僅需添加 1/3 杯的水量。但若是冷凍的肉包，需要的水量會再多一點，比較能完全加熱，食用上較安全。

步驟

1. 外鍋依序放入一杯水、鋼杯和蒸架。

2. 蒸架上放冷的饅頭或包子，倒入豆漿或牛奶，按下開關約二十分鐘即可。

⭐ 請使用計時器計時二十分鐘，若時間到開關未跳起，可手動將加熱鍵推起至保溫，開蓋取出食用。

POINT

💡 如果在開關跳起前，鍋內還充滿蒸氣的狀態，緩緩打開鍋蓋，用筷子或夾子取出饅頭包子，會比水已燒乾開關跳起的時候更好吃。

台南虱目魚粥

我家都是因為有剩飯才這樣煮的稀飯（笑），就是台式風格的虱目魚粥、鹹粥，這樣煮比較會有米粒感。這次要煮虱目魚粥，所以加了薑片和油蔥，步驟圖三是剛煮好就馬上打開的樣子，再燜一下就只剩少許米湯，飯粒又可愛的胖了兩倍。因為想要拍起來好看，也怕虱目魚碎到粥裡，盛碗時沒辦法漂亮擺在上面，所以另外放在蒸盤上，等舀好粥再把魚肚放上去，再把薑絲放旁邊，看起來就會很豪華，好好吃的樣子。

材料

白飯／兩碗	柴魚高湯／約五碗
虱目魚肚／兩小片	米酒／一大匙
老薑／三片	鹽和白胡椒／適量
鵝油香蔥／兩大匙	薑絲和蔥花／少許（可略）

步驟

1. 白飯、薑片、鵝油香蔥和柴魚高湯放入內鍋。

2. 將虱目魚肚抹少許鹽和米酒放在蒸盤上，也直接放入內鍋。

3. 外鍋一杯水蒸煮約半小時，以鹽和白胡椒調味，最後撒上薑絲和蔥花即可。

 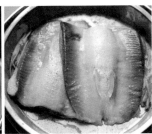 

 POINT

除了用柴魚高湯，在煮粥時也可用自來水加上一片昆布／幾顆干貝／幾條小魚乾／一茶匙鹽麴／兩朵乾香菇，這樣也能很美味，以上材料添加隨意，沒有一定要全加。

盛盤的時候，蒸盤中的魚湯是美味菁華，請將魚湯加入粥內，或是盛盤後淋在魚肉上。

柴魚高湯 DIY

準備柴魚一碗、清水 1L 放入內鍋，外鍋一杯水蒸煮至跳起，取出過濾柴魚即可。

這樣的高湯準備食材少加熱時間短，清淡爽口很適合運用在日式料理中，若是多做了，也能製成高湯冰塊，需要時取一塊很方便。

地瓜糙米粥與小菜

小時候總聽長輩回憶，幾十年前那個辛苦的年代白米珍貴，粥裡總是瓜多粥少，當時覺得十分困惑，因為地瓜好甜呀！我總要從白粥裡撈著那黃澄澄的綿軟地瓜，那加了很多地瓜的粥，豈不是最好吃的嗎？鼓起勇氣問了才知道，長輩小時候吃的，可是曬過的地瓜籤，纖維粗也不甜。

現在大家日子好過了，吃點清甜地瓜粥配配小菜，再聊聊以前嘗過的苦日子，成了苦盡甘來的懷舊心情。

🥕 材料

地瓜／一小條　　　清水或高湯／八杯
糙米／兩杯　　　　搭配小菜／隨意

⏱ 步驟

1. 地瓜去皮切塊，泡水備用；生糙米洗淨瀝乾備用。
2. 所有食材放入內鍋，外鍋一杯水，約半小時後煮好，可稍微燜一下再開蓋。
3. 煮粥的同時，可以布置小菜，當粥煮好時就可以一起享用。

🍲 POINT

💡 可以搭配皮蛋、鹹蛋或醬油荷包蛋。
還有喝粥好朋友：豆腐乳、肉鬆、玉筍和各種醬瓜。

干貝
絲瓜粥

這秀雅脫俗的絲瓜粥，再多刁貪食也是舒服，絲瓜刨去外皮後得切成丁，入湯杓進唇齒，口感極好。

我的冷凍庫常備的乾燥干貝（這種小顆的叫做珠貝，價格實惠，平時煮起來不心疼），是日常料理提鮮的小法寶！用來煮粥、雞湯、煮絲瓜、燉白菜……都能提鮮。

🥕 材料

白米／一杯	清水／八杯
老薑／兩片	枸杞／約一大匙
乾燥干貝／四顆以上	鹽巴／適量
絲瓜／半條（切丁）	

⏱ 步驟

1. 白米洗淨，同老薑、干貝、清水放入內鍋。
2. 外鍋一杯水蒸煮約半小時後，開蓋加入絲瓜。
3. 外鍋再加入半杯水蒸煮約十分鐘，開蓋加入枸杞拌勻，最後試吃再以鹽巴調味即可。（喜歡胡椒味的，這裡也可以加點白胡椒喔！）

🍚 POINT

💡 煮粥的時候，一杯米大約四人份，可以加 4～20 顆不等的干貝。（分量看你想要的奢華感有多高）（快到月底顯示小氣也能少點。）

香菇高麗菜粥

粥裡有肉絲、高麗菜、紅蘿蔔絲和香菇等等，簡單美味而不失均衡營養。

古早味鹹粥可以喚起溫暖記憶，小時候，總覺得平常的媽媽總是揮汗如雨的在廚房揮刀動鏟，但偶爾她也會悠哉的陪放學的我們吃水果配卡通。這種好日子就是託這鍋古早味鹹粥的福，讓媽媽可以稍微喘口氣，陪陪孩子談天說地，真棒！

材料

梅花肉絲／100g	乾香菇／約六大朵
醬油和米酒／各一大匙	高麗菜／約 1/4 顆
花生油或沙拉油／一大匙	白米／兩杯
紅蘿蔔絲／約半根	高湯／約八杯
鹽、胡椒／適量	鹽、胡椒／**適量**

步驟

1. 乾香菇泡軟切細絲，紅蘿蔔切絲，肉絲加入醬油、米酒和油拌勻。

2. 外鍋 1 格水，內鍋放入肉絲、紅蘿蔔絲和香菇絲，按下開關跳起後拌勻。

3. 內鍋加入白米、高麗菜和高湯，外鍋一杯水，約半小時後拌勻，最後以鹽和白胡椒調味即可。

POINT

💡 高湯最推薦用豬大骨高湯，用清雞湯也可以。

💡 如果想偏日式風味也可用一段昆布和三朵乾香菇搭配。

💡 如果平時有熬清雞湯，可以多煮一點事先冷凍，在日常烹調時使用可以發揮點畫龍點睛的效果。冷凍方法，用可以冷凍的夾鏈袋，裝好放入金屬深盤冷凍成片狀，不需要過度分裝。如果只需要用少許湯底，敲裂取小塊下鍋即可。

#電鍋煮飯小技巧

其實現在很多專門設計來煮飯的電子鍋，我也覺得日系的電子鍋煮飯特別好吃。不過如果沒有預算添購電子鍋，也可以拜託萬能的電鍋。

如何用電鍋煮出好吃的飯，需要花點兒小心思。煮好吃飯的祕訣步驟：洗米→泡米→瀝乾→加水→燜飯→鬆飯。

泡米：用電鍋煮飯必須多這個步驟，白米大約泡半小時。糙米則需泡一小時。

水量：白米與水的比例是 1:1.1，米一杯、內鍋的水就加 1 杯多一格。
可以根據個人喜好，增減水量調整軟硬度。而外鍋的水固定都是一杯。

瀝乾：這是為了準確的測量水量。

燜飯：當電鍋剛跳起時，千萬不要馬上打開鍋蓋，多燜十來分鐘讓米飯充分熟透才好吃。

鬆飯：由外而內的將飯撥鬆，那適當的蓬鬆感，看起來粒粒分明更加誘人。

延伸料理
蔬菜雜炊粥

　　高檔火鍋店都會有湯底煮粥的服務，很多料理都像火鍋那樣，根據自己喜好決定用哪些食材，隨心任意的烹調，僅需留意避免深綠色蔬菜，平時備料順道把多餘的食材冷凍，像是花椰菜梗、紅蘿蔔等等，隔天把剩飯、蔬菜和高湯放入內鍋半小時，就會有熱呼呼的粥。

材料

白飯／一碗（約 200g）	紅蘿蔔末／約 20g
高湯／ 500ml	雞蛋／一顆
玉米粒／約 50g	蔥花或海苔酥／少許
金針菇／約 30g 切小段	鹽、胡椒／適量

步驟

1. 內鍋放入高湯、蔬菜和白飯；外鍋一杯水先蒸煮二十分鐘。
2. 打散蛋液，放入內鍋，湯匙繞兩圈緩緩打散蛋液。
3. 外鍋一格水再蒸煮五分鐘，開蓋試吃調味。

💡 生米煮粥小技巧

　　一杯米加八杯水，飯和水的比例約為 1:6~1:10，可依各人喜好調整。

💡 剩飯煮粥小技巧

　　一碗飯加兩碗水，飯和水的比例約為 1:2 ～ 1:3，可依各人喜愛的比例調整。

熱乳酪雞蛋三明治

早餐的章節全以吐司示範，其實同理可用的麵包不拘，巧巴達或切片法棍都十分適合。在蒸水煮蛋的同時，給自己手沖咖啡，為孩子倒杯牛奶，切點水果，選本晨讀書籍。雖是相似簡樸日常，也有怦然心動的小變化。

🥕 材料

雞蛋／兩顆	現磨海鹽／少許
吐司／兩片	現磨黑胡椒／少許 可略
起司片／兩片	

⏱ 步驟

1. 外鍋 0.2 杯水，搭配直條蒸架放上雞蛋，按下開關計時十五分鐘。
2. 剝除蛋殼，水煮蛋切片後放到麵包上，以海鹽黑胡椒調味。
3. 放上起司片和吐司，外鍋 0.1 杯水，開關跳起即可享用。

POINT

💡 用器具直接將三明治連同蒸盤一起取出，倒扣在盤中享用。這樣可以避免手伸到電鍋內，可能會燙傷的風險。

💡 可依喜好加上美乃滋或番茄醬調味。

開放式蔥花肉鬆吐司

電鍋復熱可以讓吐司加熱得濕潤鬆軟，加上搭配烘焙紙可做出乾鍋熱烘的效果。

說起小時候的早餐，最是「蔥」滿回憶的台式麵包。微甜美乃滋和蔥花加熱後的滋味超棒，搭配肉鬆更澎湃！試著用電鍋簡單做看看吧～

🥕 材料

蔥花／半枝　　　　吐司／一片
美乃滋／約一大匙　肉鬆／適量

⏱ 步驟

1. 電鍋內放入蒸架、烘焙紙和吐司，按下開關乾烘，計時約三分鐘。（沒看錯，不放水）
2. 吐司擠上美乃滋，放上肉鬆，最後撒上蔥花。
3. 食用前將吐司對折即可方便食用。

🍲 POINT

💡 蔥花也能和美乃滋拌勻成抹醬，在作法 2 處不擠美奶滋，直接抹上蔥香抹醬。

鮪魚玉米蛋吐司

開始喜歡鮪魚罐頭,似乎是因為在超市架上發現,小小的比較可愛的日本品牌,分量剛好適合小家庭。搭配切碎的生洋蔥也可以,但我和兒子更喜歡甜甜玉米粒,和鮪魚拌再一起就是絕配!

🥕 材料

水煮蛋／2顆　　　鹽巴／少許

鮪魚罐頭／70g　　現磨白胡椒／少許

罐頭玉米粒／70g　吐司／兩片

美乃滋／一大匙

⏱ 步驟

1. 將鮪魚、玉米和美乃滋放入大碗中,再加入水煮蛋剝殼切丁,同鹽和胡椒在大碗中拌勻。
2. 放入吐司片加熱,按下開關乾烘,計時約三分鐘。
3. 在吐司上放入拌好的鮪魚玉米蛋沙拉,即可享用。

🍚 POINT

💡 鮪魚玉米蛋沙拉也能直接搭配生菜或水果直接食用,是一道很不錯的輕食小菜。

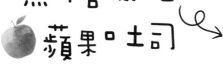

黑糖肉桂蘋果吐司

最近好友圈非常流行肉桂卷,雨天沒有心情出門,就在家做個「微致敬」的肉桂點心。電鍋裡的網架上,吐司上鋪滿蘋果薄片,少少的撒點黑糖肉桂粉在上面,五分鐘香氣四溢。煮杯卡布奇諾並在奶泡上也灑點黑糖肉桂,小時候不懂得欣賞,現在卻好喜歡好喜歡的味道～

 材料

蘋果／一小顆　　肉桂粉／少許
黑糖／一大匙　　冷凍吐司／兩片

 步驟

1. 蘋果切薄片泡鹽水;同時肉桂粉和黑糖混和好備用。
2. 電鍋內依序放上蒸架、吐司、蘋果片,再撒上黑糖肉桂粉。
3. 外鍋一格水,按下開關加熱約五分鐘即可。

 POINT

💡 泡過鹽水的蘋果片較不易因氧化而黑掉。
💡 直接連同蒸架或烘焙紙整個拿出來。

法式布丁吐司

　　法式吐司 Pain Perdu，在法文由麵包＋遺失組成的兩個字，應該是指失而復得的美味吧！

　　過去法國的窮人家，麵包放久乾掉還捨不得丟，泡過蛋奶液再下鍋煎，就會像有魔法般變得濕潤柔軟，可以搭配鹹奶油和蜂蜜或是果醬和水果享用。

材料

雞蛋／一顆　　　　　吐司／兩片

牛奶／80ml　　　　　無鹽奶油／5g

麵粉／20g　　　　　新鮮草莓／少許

細砂糖／10g

步驟

1. 雞蛋、牛奶、麵粉和砂糖拌勻。

2. 吐司切小塊放入淺盤內，淋上蛋奶液浸泡。（泡到吐司吸滿吸飽）

3. 內鍋放烘焙紙、無鹽奶油和吐司，放入電鍋裡按下開關計時 5 分鐘後翻面，再按下開關 5 分鐘後取出盛盤，再以新鮮草莓裝飾即可享用。（沒看錯，不放水。）

POINT

💡 電鍋開關大約三分半會跳起來，如果是電鍋前面已經有使用過，還是溫熱狀態下的話（第二次）會更快跳起，所以不要馬上開蓋，利用保溫的熱度持續加熱，以計時 5 分鐘為準再取出。

💡 廚娘做了實驗，發現用內鍋直接加熱，有點黏鍋又沒有漂亮上色。後來改用烘焙紙、或是不沾烤盤（直徑 20 公分以內才放得下），呈現煎得金黃的效果！而且非常不容易焦底～

法式吐司除了可以搭配新鮮水果，還可以配上一球自己喜愛口味的冰淇淋，感覺更高級，更享受。

巧克力香蕉吐司 🍌

你喜歡巧克力嗎？每個月特別的那幾天，會特別放縱自己來點甜甜。用濃郁絲滑的滋味，療癒那幾天的低潮。我說巧克力的甜，是撫慰心靈的祕訣；而香蕉的營養，是科學證實的紓壓呢。簡直是完美的快樂提案。

🥕 材料

巧克力醬／約一大匙
香蕉／一根（切片）
冷凍吐司／一片

⏱ 步驟

1. 吐司均勻抹上巧克力醬，放入鋪了烘焙紙的電鍋。
2. 按下開關計時五分鐘，時間到了再取出盛盤。
3. 放上切片香蕉即可。

🍲 POINT

💡 買了好吃的吐司，放在冷凍庫慢慢吃吧！
因為澱粉在冷藏溫度會劣化，所以如果用冷藏保存，吐司會失去彈性並且乾乾的。但是放在冷凍庫，再回烤加熱就沒有這個困擾！像是剛出爐的濕潤並充滿彈性和誘人香氣。

好香綿密的芋泥運用

　　當年在台灣掀起陣陣藕紫色炫風，滑順綿密的芋泥，香氣溫潤含蓄，總能在齒頰留下那婉約柔和的滋味。正是這般恬淡不露鋒芒的香氣，叫芋泥，無論做成飲品或小食，點心都令人鍾愛不已。

　　市場專賣芋頭的伯伯，傳授挑選時要找最好是少雨旱田的時節，看芋頭切面乳白淡紫，刮取質地鬆粉，正是適合做芋泥的品種。由於芋頭含有草酸鈣，遇水會造成皮膚發癢，建議戴手套保持乾燥地削皮切塊，或請攤販代為處理。切塊後分裝冷凍可保存一季，煮火鍋或爾後運用都直接烹煮即可，十分方便。

綿密芋泥

材料

芋頭／一顆 500g　　牛奶／ 150ml

砂糖／ 50g　　　　奶油／ 15g

步驟

1. 芋頭去皮、切塊後，放入電鍋內鍋，外鍋加 1 杯水蒸半小時。

⭐ 電鍋開關跳起先燜半小時再開蓋，用竹籤能輕易插入就表示熟了即可起鍋。

2. 乘熱用叉匙將芋頭搗散，分次下適量的砂糖，試吃調整成自己喜歡的甜度。

3. 最後加入適量的鮮奶調整稠度，可以分裝冷凍保存三週以上。

POINT

💡 這個比例大約三分甜，可以試吃看看再加到喜歡的甜度。

💡 牛奶是用來調濃稠度，也可以用椰奶或豆漿代替。

💡 奶油可以用椰子油或花生油代替，但牛奶量要稍微減少一點。

芋泥肉鬆三明治

第一次吃芋泥肉鬆三明治，濕潤度恰到好處的芋泥滑順綿密，跟肉鬆超對味於是在芋頭的盛產時，在市場剛好芋見泥因為剛好遇見你，加上肉鬆更可以，咬下一口芋如泥，我想我會記得你

⏱ 步驟

1. 電鍋加熱冷凍芋泥或新鮮芋頭蒸熟後做成芋泥。
2. 吐司放在蒸架上乾鍋加熱，按下開關三分鐘，取出。
3. 在吐司上先抹一層厚厚的芋泥，再放上肉鬆，最後蓋上一片吐司即可。

芋頭牛奶

粉紫色夢幻芋頭牛奶，只要將蒸煮做好的芋泥事先分裝冷凍，就能享受綿密香醇的每一天！跟隨著的味蕾，自己決定甜度和口感，可以貪心的多加點芋泥，很滿足～～～

⏱ 作法

適量芋泥挖進杯子裡，加入牛奶／椰奶／豆漿都可以，再用湯匙攪拌後享用。

chapter 2

大人小孩都愛元氣
蛋料理

水煮蛋實驗室

　　孩子上國小後，每天清晨就要起床準備早餐，常覺得只煮兩顆蛋還要開火顧火，實在不划算，研究了用電鍋就可以作水煮蛋的方式，自己覺得很成功呢！

　　經過實驗，覺得在內鍋要放水的費時較長，熟度也更難控制，在鍋底放沾濕的廚房紙巾，可能有化學物質的疑慮。後來發現，只需要用蒸架加兩格水就可以了，真的太方便了（煮婦內心旋轉灑花）。

　　二格水加上燜的時間，我也記錄了時間對應的熟度，如果比較講究就用手機計時，作出完美的水煮蛋。

你想幾分熟之
15 mins
水煮蛋

水煮蛋

溏心蛋

10 mins

溫泉蛋

5 m

水煮蛋搭配喜歡的蔬果，
就是一份營養健康的好味沙拉。

💡 **水煮蛋的熟度，可以依照個人喜好做實驗。**

　　雞蛋可以用冷藏或常溫，會有兩分鐘左右的誤差，不過每台電鍋本來就會有些許誤差，只要是固定用自己家裡的電鍋，就可以自行記錄調整，漸漸的也可以很輕鬆的抓到時間手感囉！

　　兩格水大約七分鐘會跳起開關，這時不要立刻開蓋，利用餘溫繼續燜熟，也避免忘記去調開關，出現不小心煮過頭的狀況。

　　我們家最喜歡吃 10 ～ 15 分鐘之間的熟度。過熟的蛋黃會有一圈灰色（這不是壞掉喔），口感會比較乾燥。如果發生不夠熟的狀況，則可以在碗中抹少許油，把半熟蛋用湯匙挖入碗中，再繼續加熱片刻。好好的記錄起來，以後就可以精準掌控自家喜歡的水煮蛋囉！

🥕 **材料**　　雞蛋／數顆

⏱ **步驟**　　1. 外鍋依序放入米杯的兩格水，蒸架，雞蛋。

　　　　　　2. 蓋上鍋蓋按下開關，計時器（或手機）設定計時。

　　　　　　3. 依自己想要的蛋熟度，待時間到後將雞蛋取出，浸泡在冷開水中，
　　　　　　　　待涼時，蛋殼輕輕敲裂，剝除即可食用。

 POINT

💡 水煮蛋的蛋殼，愈新鮮愈難剝，建議用冰箱已經冷藏一周的雞蛋製作。

💡 外鍋都用常溫水，不用特地用熱水。

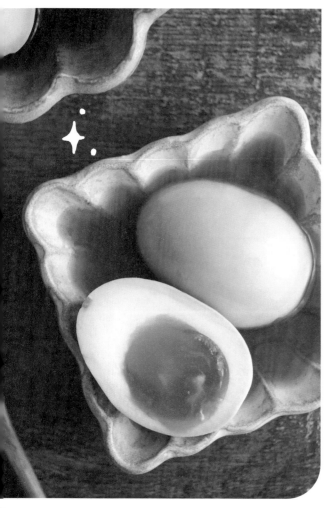

和風溏心蛋

在日本，拉麵或丼飯上常出現的味玉（味付け玉子／煮卵），是指使用醬汁醃漬過的水煮蛋。在餐廳加點都挺貴的吧！其實做法特別簡單，可以一次做三天分放在冰箱慢慢享用。

需要注意的就是，絕對不能用台式醬油，味道真的不一樣，瞬間就跟日本斷交了（哭）。小型超市很容易買得到，任何日式料理都可以用到日式醬油，請稍稍講究囉！

🥕 材料

日式醬油／200ml

味醂／100ml

雞蛋／數粒

⏱ 步驟

1. 外鍋兩格水，放入蒸架和雞蛋，蓋上鍋蓋按下開關，計時十分鐘。

2. 取出雞蛋放入冷水中，降溫後敲裂去殼。

3. 放入醬油味醂混合好的醬汁中浸泡，冷藏至少半天或到隔日更入味。

 POINT

💡 日式醬油有不同風味（鰹魚、昆布、香菇），依照個人喜好去選購即可。

💡 泡過蛋的醬汁，還可用來炒菜或燉煮日式菜系。例如：炒親子丼、壽喜燒、烏龍麵，燉蘿蔔、豆腐等。

紹興醉蛋

用當歸紅棗提香，添加花雕或紹興酒，酒不醉人，僅使人陶醉開胃。藥材的部分還可以增添人蔘、黃耆、川芎……更為養生。不過，其實沒有放任何藥材，味道也夠醉香了。

🥕 材料

剝好的水煮蛋／六顆	當歸／一小片
花雕酒或紹興酒／150ml	紅棗／三顆
雞高湯或清水／150ml	枸杞／一小把

⏱ 步驟

1. 外鍋半杯水，內鍋放入紹興酒、高湯、當歸和紅棗，蓋上鍋蓋按下開關。

2. 蒸煮 15 分鐘後，放入枸杞，喜歡酒味重一點的話，可以再加 100ml 黃酒。

3. 放涼後加入水煮蛋，冷藏隔夜入味，即可享用。

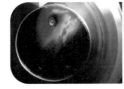  

🍲 POINT

💡 紹興醉蛋在藥酒中，可冷藏保存至三天。藥酒可重複使用一次，可再用來做醉蝦或醉雞腿。

💡 試喝看看，喜歡的話，藥酒用來品飲也很棒喔，我的經驗是泡過蛋的藥材黃酒，長輩很喜歡喝喔！

惡魔蛋實驗室

POINT

布滿血絲的眼睛,可以先是用切片的紅心綠橄欖作眼球,搭配 Tabasco 辣醬,用筷子畫出眼周的血絲狀。

經典的惡魔蛋 Deviled Egg 是將水煮蛋剝殼切半後,將蛋黃挖出與美奶滋等佐料拌勻,再填回蛋白中。因為通常會加入如辣椒、芥末等調味的,舌尖火辣辣就像地獄烈焰熊熊,所以才叫「惡魔蛋」,擺盤好看很有氣勢,還能做不同造型,是派對野餐必備的重點開胃菜。

萬聖節的時候,我用橄欖做了兩款造型。黑寡婦蜘蛛是用黑橄欖縱切,半顆橄欖當作身體,另外半顆逆文切薄片,做成蜘蛛腳的樣子。

優格咖哩惡魔蛋

我想作得更健康，於是想用優格取代美奶滋，再加入咖哩粉或墨西哥紅椒粉調味成低脂版的美味惡魔蛋了。

🥕 材料

水煮蛋／三顆　　紅椒粉／少許
優格／一大匙　　細香蔥或洋香菜／少許
鹽巴／少許

⏱ 步驟

1. 水煮蛋用細線切對半，將蛋黃挖至小碗。
2. 蛋黃和優格、鹽巴、紅椒粉拌勻，試吃調味。
3. 將蛋黃填回蛋白的凹糟中，綴以紅椒粉及香草即可。

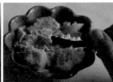

🍲 POINT

💡 拌好的調味蛋黃泥要回填到蛋白中時，可以用小湯匙一點一點挖了放入，講究一點的人也能放入擠花袋中，慢慢擠入。（沒有擠花袋的人也能用塑膠袋裝了，剪一小洞臨時替用一下。）

酪梨
惡魔蛋

在萬聖節，我將紅甜椒作成惡魔角和翅膀，如果覺得太麻煩，在大創或 natural kitchen 等小物店，也可以找到貼有萬聖節造型貼紙的牙籤，直接拼上裝飾，很輕鬆就能營造氣氛。有派對或是當餐前開胃菜的時候，就用惡魔蛋的作法加點工，就變得小巧精緻很有賣相。

🥕 材料

水煮蛋／三顆　　　鹽巴／少許
酪梨／約 30g　　　紅甜椒（裝飾品可略）
檸檬汁／少許

⏱ 步驟

1. 水煮蛋用細線切對半，將蛋黃挖至小碗。
2. 檸檬汁和酪梨拌勻，加入鹽巴和蛋黃壓碎拌勻，試吃調味。
3. 將蛋黃填回至蛋白的凹糟中，加上紅甜椒裝飾成惡魔角和翅膀即可。

 POINT

💡 加了少許檸檬汁的酪梨吃起來非常清爽，平常直接把水煮蛋切碎了和酪梨拌勻，夾在吐司裡就是營養早餐。

💡 平常搭配香菜和 tabasco 辣醬，就是南美風味的酪梨醬喔！

南瓜 惡魔蛋

日常吃法是南瓜泥＋水煮蛋＋堅果，是在星巴克吃到的三明治，滑順微甜的南瓜泥特別涮嘴。作成惡魔蛋的時候，在南瓜泥內加入花生醬或肉桂粉也很不錯，可以依照個人喜好作變化喔。

 材料

水煮蛋／三顆　　　　鹽巴／少許

南瓜泥／約 30g　　　香菜／（可略）

花生醬／約一茶匙(可略)

 步驟

1. 水煮蛋用細線切對半，將蛋黃挖至小碗中，再與南瓜泥、花生醬、蛋黃和鹽巴拌勻。
2. 利用二個小湯匙上下整型，將南瓜蛋黃泥整成適當的小圓球狀。
3. 將南瓜蛋黃泥填回入蛋白的凹糟中即可。

 POINT

喜歡香菜的，可以利用香菜梗及葉在惡魔蛋上裝飾造型，還能添香增味。

地獄番茄蛋

周末熬了鍋番茄肉醬分裝數份，除了煮義大利麵，還打算隔天早餐要作 Eggs In Hell。第一次看到這道料理，只覺得吃起來像在天堂呀，半熟荷包蛋煮在熱熱番茄肉醬裡，用麵包沾著吃，忍不住就吃到盤底抹淨呢～

🥕 材料

番茄肉醬／300g (或是市售義大利麵醬)
莫札瑞拉乳酪／約 30g　現磨黑胡椒／少許
雞蛋／三顆　　　　　　羅勒／少許 (可略)

⏱ 步驟

1. 外鍋半杯水，內鍋放入番茄肉醬。(內鍋可用小瓷碗)
2. 將熱好的番茄肉醬加入莫札瑞拉乳酪，再用湯匙挖出三個洞，打入雞蛋。
3. 外鍋兩格水，蓋上鍋蓋按下開關，起鍋後撒上黑胡椒和香草即可。

🍲 POINT

💡 這道料理直接用電鍋內鍋製作真的很方便，想吃蛋熟一點的人可以在開關跳起後再燜幾分鐘。

💡 拍照想要漂亮，可以試著用小瓷盤疊著烹調。

「Eggs In Hell」英文意思是形容在地獄的蛋，是因為紅色的醬汁，很像是地獄岩漿，還有人會喜歡加辣，讓它吃起來也如惡魔般火辣辣，而我喜歡吃加點黑胡椒版本的。

紅玉茶葉蛋

　　在台灣，每家超商都會有一鍋熱呼呼的茶葉蛋，水煮蛋放在八角、花椒、醬油、茶葉的煮汁裡，而入味的關鍵就在那冰花般的裂紋，這讓我想到：「人生就像茶葉蛋，有裂痕才入味。」稍稍感慨。

🥕 材料

帶殼水煮蛋／六～十顆	八角／1 粒
滷汁水／200~300ml	月桂葉／1 片
紅茶包／兩包（約 10g）	丁香／少許
冰糖／20g	
台式醬油／35ml	

⏱ 步驟

1. 外鍋半杯水，內鍋放入所有滷汁材料，按下開關鍵煮到跳起。
2. 水煮蛋的殼稍微輕輕的均勻敲裂，開蓋放入內鍋滷汁內保溫兩小時。
3. 取出茶葉蛋剝殼即可享用。

★ 冷藏放隔天更入味，最佳賞味期限是三天。

🍲 **POINT**

💡 超市有茶葉蛋滷包，如果能到中藥行抓香料更新鮮，隨手用家裡櫥櫃裡的香料也可以。

 日式
茶碗蒸

　　宴客時用日式茶碗顯得精緻講究，口感細柔滑嫩，給人吃巧的印象，日常和家人用內鍋豪邁的分享也可以，風味淡雅雋永，是老少咸宜的料理。

　　在茶碗蒸裡可以添加蝦仁、魚板、毛豆、玉米等，如果希望佐料漂亮的在茶碗蒸上方，可以蒸好在放配料，加點高湯再蒸會兒即可。

🥕 材料

雞蛋／三顆　　　　　魚板／約三片
柴魚高湯／300ml　　毛豆／約 20 粒
鹽巴／約少許（約 3g）

⏱ 步驟

1. 柴魚高湯和鹽巴混和均勻，試鹹度調味。蛋液和柴魚高湯拌勻。
2. 蛋液過篩，倒入小碗中，一起放入電鍋裡，外鍋一杯水，鍋蓋留縫按下開關。
3. 計時約 15 分鐘後，開蓋放上魚板、毛豆和少許高湯，蓋上鍋蓋按下開關續蒸五分鐘即可。

鍋蓋留點縫隙，可以避免蛋液因高溫沸騰產生的氣泡孔洞，做出更完美柔嫩的蒸蛋。

松露牛奶蒸蛋

風味單純的牛奶蒸蛋，可以搭配松露、魚子醬等珍饈食材。小資版本可選用松露油或松露蘑菇醬。這些食材都可以在百貨公司的超市買到，或在網路購買，照片中示範的就是用松露蘑菇醬，很得親友人氣好評！

材料

雞蛋／三顆　　　鹽巴／少許（約 3g）

鮮奶／300ml　　松露蘑菇醬／少許

步驟

1. 鮮奶和鹽巴混和均勻，試鹹度調味，再加入雞蛋拌勻。

2. 蛋液過篩倒入小盅，一起放入電鍋裡，外鍋一杯水，鍋蓋留縫按下開關蒸煮至開關跳起。

3. 取出，上桌後點綴少許松露蘑菇醬即可。

無論是茶碗蒸或牛奶蒸蛋，只要想要很水嫩的口感，蛋和水份（高湯或牛奶）比例是 1:2，你也可以單純的記每顆蛋加100ml 的水份喔。

玉米雞汁蒸蛋

甜脆玉米在滑嫩蒸蛋裡，榮獲了小孩最喜歡的料理，而且玉米富含維生素 A 和葉黃素，能幫助學童護眼保健。雞高湯可以用滴雞精加水，在冬天當暖暖的早餐，營養更滿分。

材料

雞蛋／三顆　　　　鹽巴／少許（約 2g）

雞高湯／ 200ml　　玉米粒／約 200g

步驟

1. 雞高湯和鹽巴混和均勻，試鹹度調味後，再加入雞蛋拌勻。
2. 蛋液過篩倒入小盅，一起放入電鍋裡，外鍋一杯水，鍋蓋留縫按下開關蒸煮至開關跳起。
3. 上桌後點綴少許玉米即可。

POINT

💡 使用新鮮玉米或罐頭玉米都可以。如果是罐頭玉米，罐頭內的玉米水不要浪費，用來取代雞高湯或水的部分都很好。

💡 蒸蛋都要過篩，主要是要讓蒸煮的蛋組織更細緻，口感更好。

雞蛋豆腐

　　豆腐低卡又健康，簡單的淋點柴魚醬油就是道很美味的家常小菜，熱的涼的都好吃。在家自製手工的雞蛋豆腐，省去鹽滷或石膏來做豆腐的麻煩，利用雞蛋自然凝固效果，不僅方便簡單，而且口感滑嫩蛋香四溢。

🥕 材料

雞蛋／三顆　　　　鹽巴／少許

無糖豆漿／150ml

⏱ 步驟

1. 蛋液、豆漿和鹽巴混和均勻後過篩。
2. 蛋液盛入烘焙紙容器中，放入電鍋裡。
3. 外鍋一杯水，鍋蓋留縫按下開關蒸煮至開關跳起，取出脫膜修邊即可。

🍲 POINT

💡 一顆蛋約 50g，按一比一的比例加入等量的豆漿。（蛋有大有小，想精準點的可以用電子秤量後按比例添加。）

💡 如果不用考慮脫模，裝在便當盒裡蒸，像吃蒸蛋這樣挖著享用就好了。如果希望完整脫模，用烘焙紙摺成容器就方便脫模。

切成一口大小的豆腐塊狀吃也很棒喔！

台式醬油蒸蛋

在臉書社團，
這種快手版家常蒸蛋廣受好評迴響，
看來是很多人的童年記憶呢！

　　我學的第一道料理，就是國小時自己最愛吃的家常蒸蛋。

　　以前還不知道精緻的日式茶碗蒸，家裡的蒸蛋充滿孔洞，還有湯汁。小時候我和妹妹小心翼翼的打蛋，然後用敲成一半的蛋殼杯裝水，一顆蛋要配兩個蛋殼杯的水，然後醬油就加成平常看到的顏色。沒有磅秤、沒有量器，從小就學著媽媽「憑感覺」做的豪邁料裡，雖然不如高級餐廳的料理精緻，卻有著滿滿的溫暖回憶。

材料　　雞蛋／三顆　　　　　　　醬油／一茶匙

　　　　　　清水或高湯／ 150ml　　香油／少許

步驟

1. 取一內鍋或用便當盒當容器，先抹少許香油。

2. 將蛋、水、醬油全部快速攪拌均勻。

⭐ 建議用淡醬油較不可鹹，可依個人口味決定分量，但別太多以免
　變成蛋花湯。

3. 外鍋半杯水，放入裝好蛋液的內鍋或便當盒，按下開關蒸煮至開
　關跳起即可。

POINT

💡 事先在容器內抹油，是為了避免沾黏，後續清洗會比較輕鬆。
　如果懶得抹油，可能餐後要先泡水，再稍微費心刷洗了。

可以依照喜歡氣泡的程度，決
定電鍋鍋蓋留縫與否，有縫就
會比較光滑細緻，整個蓋好蓋
滿，加上蛋液本身沒有過篩，
成品出鍋時就會充滿氣泡組織。

如果前一天有滷肉，用滷肉的醬汁來做蒸蛋，就會更
加美味～在我心目中是米其林豪華版的古早味拌飯
呢，但簡易版的快手媽媽蒸蛋拌飯就讓人很滿足了。

chapter **3**

· · · · · · · · · ·

電鍋低溫煮
低脂柔嫩雞胸肉
提案

試試萬無一失的鹽水法Brining吧！

💡 **美味的雞胸肉作法**：100 毫升的水搭配 5.5 公克的鹽巴（大約一茶匙），與雞胸肉冷藏浸泡一夜，取出，外鍋半杯水蒸煮至開關跳起即可。

　　近年因為健康知識豐富，低脂高蛋白的雞胸肉，突然就變得大受歡迎！只是因為它脂肪含量少，如果方法不對加熱烹煮後容易變得乾柴，好難入口。

　　我研究了一下，發現歐美早在數年前，就科學研究許多烹調方法。最讓人驚嘆的，莫過於「鹽漬法」。在印象裡，鹽漬會導致脫水乾燥，但特定比例的鹽分（100g 肉 +1g 鹽），會讓肌肉收縮的蛋白質溶解，肉質變得更柔嫩保水。

Q 有讀者詢問能否大量製作？

可以！

但煮好的雞胸肉，不建議重複加熱，因為每加熱一次水分就會流失一次，口感會愈來愈柴。如果是冷食就沒問題。

方法A：大量鹽漬冷凍，每次要烹煮食用的前一天，冷藏退冰需要的量，再添油加熱即可。

方法B：用大內鍋平鋪放入雞胸（約十個），不重疊堆在一起，鋪好鋪滿，外鍋同樣是半杯水。

鹽漬
嫩雞胸肉

食譜材料作法先以原味示範，學會原味後就能依自己喜好，做口味的變化啦！

我在雞胸肉加熱前淋上橄欖油，加強鎖水滑潤的效果，吃來更嫩口。步驟圖中的橄欖油有添加新鮮香草，意在增添香氣，你也可以單純的只用橄欖油，也可以加入喜歡的新鮮香草或香料（花椒或咖哩粉等）在油脂中一起調味，都很美味。

材料　　雞胸／ 200g

鹽巴／ 2g

橄欖油／ 二大匙

步驟　　1. 雞胸肉洗淨，用廚房紙巾吸乾水分後，撒鹽抹勻，冷藏隔夜或四小時以上。

2. 取出，在表面淋上橄欖油後抹均勻，放在內鍋或便當盒中。

3. 電鍋裡依序放入蒸架和處理好的雞胸肉，外鍋半杯水，按下開關蒸 10 分鐘，再燜十分鐘即可。

POINT

橄欖油可以用其他品質好的植物油代替，例如：葵花油、葡萄籽油……等味道淡雅的油品。

如果沒有電子秤怎麼辦？在超市的外包裝會標明雞胸的重量，在傳統市場則可以請老闆幫忙秤重，然後自己記下來。

Q 雞胸肉要怎麼變化口味？

1. 在橄欖油裡加入不同的香料咖哩粉、七味粉、五香粉、黑胡椒、白胡椒、川麻辣椒花椒粉、檸檬柑橘皮末……

2. 搭配不同的醬料
　　法式芥末醬、番茄醬、蒜蓉醬油膏、韓式辣醬、泡菜……

藜麥酪梨雞肉蘋果沙拉

鮮嫩嫩的生菜葉不是那麼容易買，所以有時候會做這種沒有生菜葉的沙拉，健康＆飽足感很強，還有畫重點：滑順如奶油卻清爽更勝的酪梨，是廚娘推薦必加食材唷！其他配角可依照個人喜好選用，不一定按食譜配方做，很隨興。

我的排序食材有：番茄、黃瓜、熟花椰菜、甜椒西洋、紅蘿蔔絲、蘋果、芭樂、水梨、玉米都很適合。

材料

酪梨／一小顆或半大顆

熟藜麥／約 30g　　現磨海鹽／適量

蘋果／約一大顆　　鹽漬嫩雞胸肉／200g

小番茄／50g　　　檸檬皮橄欖油／少許

檸檬／半顆（擠汁）

步驟

1. 小番茄切片。蘋果和酪梨切丁，備用。

2. 番茄、蘋果、酪梨及熟藜麥拌勻，用海鹽和檸檬汁拌勻調味。

3. 放上切片的鹽漬嫩雞胸肉，最後淋上少許檸檬皮橄欖油即可。

 POINT

檸檬皮橄欖油

檸檬的香氣來源在於表皮，如果家裡有檸檬刨刀，可以跟橄欖油拌勻後使用，這個方法是來自我惜食的精神，想要把食材完整利用之後誕生的概念。

✨ 很簡單的電鍋煮藜麥

藜麥是近年很熱門的低醣瘦身的超級食物！我喜歡用電鍋煮好後，分裝冷凍保存，冷凍至多可以一個月，隨時運用在日常料理中，就能偷偷輕鬆變健康。

⏱ 步驟

1. 準備半鍋自來水，藜麥放進去攪拌清洗乾淨。

2. 用細目網篩過濾掉水分，撈起，放入內鍋，加入等量的清水。

⭐ 藜麥和水的比例大約 1：1 杯，喜歡口感濕軟一點的可以稍微增加水量。

3. 外鍋半杯水，按下開關計時蒸煮十分鐘燜十分鐘，開蓋看到原本深咖啡的藜麥爆出白色小圓頭，表示已經熟了。

✨ 酪梨前置作業

大家都怎麼吃酪梨呢？我最喜歡跟蕃茄丁拌成沙拉。有時候也會用醬油醃好，搭配豆腐或秋葵等，當晚餐的小菜。每次處理半顆酪梨兩天吃完～

⏱ 步驟

1. 對切半後，一般我一次沒吃那麼多，會先把帶籽的那半顆在果肉抹少許檸檬汁後，用保鮮膜包好冷藏。

2. 另外半顆把皮剝掉，切小塊，半顆檸檬擠汁拌勻，備用期間用保鮮膜緊貼酪梨，減少空氣接觸。

雞胸肉與檸檬奶油馬鈴薯

天氣冷的時候，突然想吃熱呼呼的馬鈴薯了，這時用電鍋蒸得鬆鬆香香，加了海鹽和奶油就非常美味。

我喜歡檸檬清爽的酸香，推薦給大家試試看～你也可以配上起司或黑胡椒調味，依個人喜好吃最棒了。

🥕 材料

鹽漬嫩雞胸肉／200g　　　海鹽／半茶匙
馬鈴薯／六小顆或兩大顆　檸檬／半顆
奶油／約30g

⏱ 步驟

1. 馬鈴薯洗淨去皮後放入內鍋，外鍋放一杯水，按下開關蒸熟。
2. 用兩個叉子把馬鈴薯分切成大塊，加入海鹽和奶油，搖晃內鍋讓馬鈴薯在奶油裡翻滾包裹均勻。
3. 電鍋外鍋再放半杯水，按下開關蒸到跳起，取出和切片嫩雞胸一起淋上檸檬汁享用。

如果是同時蒸鹽漬嫩雞胸肉和馬鈴薯一起蒸的話，要注意雞胸肉的烹煮時間，不要蒸過頭了。馬鈴薯如果還沒熟透，可以先取出雞胸肉，外鍋加半杯水再繼續蒸馬鈴薯。

 POINT

💡 馬鈴薯有許多品種，大同小異，如果非常講究，網路上可以查到很多解說。我是省錢主婦心態在買菜，通常當天看哪種比較新鮮便宜，就用哪種馬鈴薯，沒有固定。

起司番茄黃瓜雞胸三明治

電鍋復熱鹽漬雞胸肉的時間，洗洗切切三明治的配料，朋友剛好按了門鈴，我烤吐司組合三明治，她把野餐道具拎上車，在這秋日涼爽的天氣，去野餐真舒服。

🥕 材料

鹽漬嫩雞胸肉／50g（約薄薄三片）

吐司／兩片　　　小黃瓜／約半根

起司片／兩片　　番茄／約半顆

⏱️ 步驟

1. 電鍋內放不沾烤盤、無鹽奶油、冷凍吐司起司片，外鍋放一格水，按下開關加熱約五分鐘。

2. 小黃瓜和番茄都切絲，再與雞胸肉一起鋪在加熱好的吐司上。

3. 二片吐司壓緊之後，從中間對切，或直接享用都行。

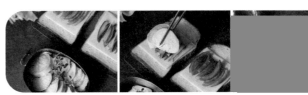

🍲 POINT

💡 雞胸肉或其他內餡食材分量如果增加，可以用烘焙紙包好固定再分切，或是裝進尺寸剛好的袋子裡，就可以避免三明治散開掉餡。

油醋乳酪雞胸 花椰溫沙拉

花椰菜是超級健康十字花科抗癌蔬菜。很多人習慣用的水煮方式,但只要煮十分鐘就會損失三成以上的抗癌成分,容易讓營養流失在水中,因此我就想用電鍋蒸的話,輕鬆又保留完整營養。搭配柔嫩多汁的嫩雞胸,就是增肌減脂的一套完整餐食。

POINT

因為綠花椰菜蒸得過久,顏色會比較黯淡。所以白花椰菜和菜梗,可以切得比較細小。這樣可以同時蒸熟又維持營養和色澤。

材料

白花椰菜／200g   橄欖油／50ml

綠花椰菜／200g   菲達起司（Feta Cheese）／適量

鹽漬嫩雞胸肉／200g（切片）   法國芥末籽醬／少許

小番茄／50g（對切再對切）   檸檬汁或白酒醋／一茶匙

步驟

1. 白花椰和綠花椰菜洗淨，切成一口大小的小朵，再稍微沖洗一次。

2. 雙色花椰菜放進內鍋淋入橄欖油和鹽巴，拌勻，外鍋一杯水。

3. 熟的雙色花椰菜和調味料拌勻放入盤中，放上小番茄、嫩雞胸和起司即可。

越是簡單烹飪調味的料理，橄欖油和酒醋的品質影響甚巨。挑個輕鬆的日子，以約會的心情去逛逛百貨公司的精品超市。以小瓶裝中高價位的品項為目標，或是參加品油及品醋活動體驗看看。普通的醋較酸嗆，品質好的陳醋，則是酸香飽滿尾韻圓潤。橄欖油亦同，新鮮冷壓的橄欖油，非但低膽固醇，更含有高抗氧化的橄欖多酚，多食不怕。

鳳梨雞絲 黑木耳

黑木耳真的是很健康的食材，身邊愛吃的女生皮膚都特別好呢！搭配低脂清爽的雞胸，熱熱吃或當冷盤都很美味，也可以當便當菜唷！

材料

鹽漬嫩雞胸肉／100g	辣椒片／4片（可略
薑／三片	醬油／一大匙
黑木耳／200g	砂糖／一茶匙
醬鳳梨／50g	烏醋／一茶匙

步驟

1. 薑切細絲，黑木耳、醬鳳梨切絲，辣椒片、砂糖和醬油在內鍋拌勻。
2. 內鍋放入電鍋裡，外鍋放半杯水，按下開關蒸煮約十分鐘，加入烏醋拌勻。
3. 雞絲剝好與步驟 2 拌勻後盛盤享用。

POINT

💡 關於**醬鳳梨**（蔭鳳梨、鳳梨豆醬）

是鳳梨加入豆麴發酵製成的，在超市、有機超市、南北行雜貨店，都很容易買到。除了可以用來熬湯，像苦瓜雞、竹筍雞湯等，也很適合蒸魚、炒豬肉、滷苦瓜。

柚香雞絲冷豆腐

在日本料理店吃到雞絲冷豆腐，覺得很美味～我特別喜歡柚子醋和柚子胡椒組合的醬汁，清爽酸香和微微辛辣的刺激，毫不喧賓奪主的提味，妝點著恬淡雞絲和涓豆腐溫和黃豆香。

材料

嫩豆腐／一盒（約 300g）
鹽漬嫩雞胸肉／約 100g
< 醬料 >

柚子胡椒／ 1 大匙	香麻油／ 1 大匙
柚子醋 ／ 1 大匙	青紫蘇／ 兩片
日式醬油／ 2 大匙	

步驟

1. 鹽漬嫩雞胸肉切絲，和所有醬料拌勻。
2. 嫩豆腐切片盛盤。
3. 放上雞胸肉絲，淋上醬汁並綴以青紫蘇即可。

POINT

💡 哪裡買青紫蘇？日本或進口超市可以買到盒裝的，我更喜歡在花市的香草鋪買盆栽，很多日式料理都用來裝飾增香。

💡 沒青紫蘇可以用什麼代替？少少的蔥絲、細香蔥、金桔都行。

東北雞絲
大白菜

在北方小館吃過這道涼拌白菜心「松柏長青」，清爽的白菜和香脆的花生，再用香醋和麻油調味，非常開胃呀！我用雞絲取代豆干絲，老公極力稱讚說這樣好吃很多 (′ ,,●ω●,,)

材料

鹽漬嫩雞胸肉／200g

大白菜／一顆（只使用梗的部分）

鹽巴／半茶匙

大辣椒／一根（可減少或省略）

香菜／一株

陳醋或白醋／一大匙

香油／兩大匙

熟花生／兩大匙

步驟

1. 辣椒切片，香菜切碎；大白菜梗切細絲後跟鹽巴拌勻，備用。

2. 嫩雞胸肉用二隻叉子剝成細絲。

★ 如果鹽漬嫩雞胸肉是冷凍保存的，就要事先退冰或復熱後放涼。
但再加熱口感會稍乾一點。

3. 除了花生所有食材拌勻，試吃並調味。盛盤享用前撒上花生即可。

POINT

💡 這道料理微酸的醋味是重點，可依自己喜好選擇陳醋或白醋，風味不同。

💡 料理有幾片辣椒真好看。但如果不吃辣怎麼辦呢？通常在超市很大根的辣椒通常比較
溫和，去籽＋泡水過後也能降低辣度。處理辣椒時要注意肌膚避免碰到切面，否則會
有燙傷般的灼熱感，每次切完辣椒要好好沖洗手部，如果覺得肌膚刺痛可以用燒燙傷
藥膏舒緩。

 大白菜在冬天盛產季到！菜葉
密度高且重，水分足更清甜。
選購時注意其外表乾爽、手感
結實、相對沉重為佳。

川味雞絲
小黃瓜

　　老公完全沒發現最近經常在吃雞胸肉，怎麼能在不知不覺中，飲食調整成低脂低醣高蛋白，還盡是這些百吃不膩的家常菜～就是有這些清爽好菜陪伴，學會用電鍋做鹽漬嫩雞胸肉，多做幾塊放冰箱，想吃時拿一塊，好幾道不開火也能端上桌的涼拌菜，換著花樣變著吃很健康。

材料

小黃瓜／一條　　　　　　　鹽漬嫩雞胸肉／100g

< 醬料 >

紅油／兩小匙　　　　　　　醬油／一大匙

砂糖／兩小匙　　　　　　　麻油／兩大匙

香醋或烏醋／兩大匙　　　　蒜末／半茶匙

香菜／一株　　　　　　　　辣椒／少許

步驟

1. 小黃瓜斜切片後切細絲，加半茶匙的鹽巴在砧板上拌勻抓醃。

2. 雞胸絲剝成細絲。香菜切成細末，與醬料調勻。

3. 依序在盤中盛上瀝乾的小黃瓜、雞絲和醬料，試吃調味。

 POINT

討厭香菜的朋友，可以改用白芝麻增色添香。

小黃瓜、紅蘿蔔或白菜梗等會很多蔬食涼拌菜中，有
注意到步驟中常可以看到抓醃、殺青、去青等字眼嗎？

那是利用鹽巴造成的滲透壓，去除蔬食內部的水分，
所以撒了鹽拌勻幾分鐘就會出水，這時我們就要把多
餘水分擠乾，這樣除了讓後續醬料可以更入味，也可
以去除蔬菜本身的生澀味。

麻醬雞絲寬粉

因為很喜歡雞絲拉皮，但新鮮的綠豆粉皮不好買，也不好保存，所以改用寬粉替代。夏天常常會想到要來做，剛開始很仔細的擺盤，雞絲也以職人精神撥得超細。有時候懶惰，就豪邁的家常擺盤，自己享用。這就是家常料理的樂趣吧！（笑）

🥕 材料

寬冬粉／一把　　　　小黃瓜／一根
鹽漬嫩雞胸肉／200g
<醬料>
芝麻醬／三大匙　　　陳醋／半茶匙
冷水／約大匙　　　　醬油／一大匙
細白砂糖／一大匙

⏱ 步驟

1. 內鍋放入寬冬粉和熱水，外鍋半杯水按下開關煮 10 分鐘。
2. 小黃瓜切絲，雞胸剝絲，所有醬料材料調勻。
3. 依序在盤中放入寬粉、小黃瓜絲和雞絲，淋上醬料即可。

如果喜歡吃辣，可以加入辣油取代部分芝麻醬。

越南雞湯米線

我很喜歡吃越南湯河粉，沒想到用電鍋也可以做出來！

鮮嫩雞胸搭配細軟米線，吃起來感覺很輕鬆爽口，用魚露提鮮的湯頭，讓人想捧著碗好好享用。

🥕 材料

鹽漬嫩雞胸肉／100g	香菜／一株
越南米線／約 200g	洋蔥／一顆
雞高湯／約 500ml	檸檬／半顆
魚露／兩大匙	辣椒片／適量

⏱ 步驟

1. **煮米線** 用冷水泡軟的米線和熱水一起放入內鍋，再按下開關大約五分鐘會跳起來。米線撈起來泡冷水備用。

2. **煮高湯** 內鍋半鍋雞高湯，兩大匙魚露，香菜莖、洋蔥皮，按下開關大約 15 分鐘熱好，試喝並用魚露調整鹹度。

3. **組合** 米線放入碗中，注入高湯，搭配雞胸肉片、香菜葉、檸檬汁和辣椒享用。

 POINT

💡 如果家裡沒有熱水，電鍋內鍋裝半鍋水，開關按下大約 15 分鐘會跳起。

曾看過廚師推廣惜食概念，香菜梗、洋蔥皮、紅蘿蔔皮等邊角料其實還有香氣甜味，給高湯注入靈魂，也讓食材發揮完整價值。

越南米線 生春卷

原本如象牙白的米紙，在泡水數秒後，變得盈透柔軟。生菜和米線先捲緊，再來依序放置辣椒、香菜和九層塔，想要透出色澤紋理的食材，讓他們負責顏值擔當。

💡 怎麼包最好看小技巧

米紙放平，料放在中下方，冰箱常備的雞胸肉穩重的壓住辛香葉片，先往上捲緊，左右往內摺，再整個順順的捲起來即可。

材料　鹽漬嫩雞胸肉／100g　　　九層塔／香菜／薄荷葉／少許
　　　越南米線／約 100g　　　　（選自己喜歡或方便購買的）
　　　越南米紙／三片　　　　　辣椒片／少許（怕辣可略或改用紅蘿蔔絲）
　　　　　　　　　　　　　　　嫩生菜葉／少許

　　　< 醬料 >
　　　魚露／一大匙　　　　　　香菜梗切碎／少許（可略）
　　　細砂糖／一大匙　　　　　蒜末／少許（可略）
　　　檸檬汁／兩大匙（約半顆）辣椒片／少許（可略）

步驟　1. **煮米線** 在煮水的時候將米線用冷水泡軟。米線和熱水放入內鍋，
　　　　　再按下開關大約五分鐘會跳起來。米線撈起來泡冷水備用。

　　　2. **泡米紙** 米紙在盤中沾泡冷水數秒，取出變軟變透明，備用。

　　　3. **組合** 依序在下半部擺放米紙、生菜、米線、辣椒、香菜、九層塔、
　　　　　嫩雞胸，再整個捲起來，醬料拌勻搭配享用即可。

Chapter **4**

. . . .

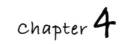

冰箱常備
肉肉
夠滿足料理

泡菜牛肉大醬湯

以前和同學去美食街，總會被韓式泡菜鍋給吸引，忍不住就點了。但現在自己會煮，就發現在家煮的，絕對比美食街的好吃三倍以上，不誇張！從湯頭、食材到火候，隨便就完勝呀～而且我只用電鍋就煮好，料好實在真是太完美 (っ'▽')っ

材料

韓式辣醬／一大匙　　日式味噌／兩大匙

韓式大醬／一大匙　　蔥花／少許（可略）

洋蔥／半顆（約100g）

金針菇／半把（約50g）

鴻禧菇／半包（約50g）

黃豆芽／半包（約100g）

韓式泡菜／（約100g）

牛肉火鍋片／（約200g）

步驟

1. 在內鍋放入 1/3 鍋熱水，用網篩將辣醬、大醬和味噌過篩壓入熱水中拌勻。

2. 在內鍋中再放入洋蔥、菇菇、黃豆芽。電鍋外鍋一杯水，按下開關蒸煮20分鐘。

3. 開蓋鋪上牛肉片、泡菜和蔥花，外鍋再放一格水再煮五分鐘即可。

POINT

💡 「比起使用單一味噌，風味濃厚的赤味噌、甘甜溫和的白味噌，混合搭配使用，讓香氣更有層次。」這是曾經看日本職人分享味噌湯好喝的祕訣，一直印象深刻，所以我的冰箱常備著兩三款不同味噌。

💡 如果家裡人少只能囤一種味噌，建議買台灣人較熟悉的白味噌。

牛肉牛蒡壽喜燒

壽喜燒搭配白飯和生蛋黃一起享用,最棒了。或是先享用完壽喜燒,剩下的湯汁加入烏龍麵和蛋汁,放到電鍋裡外鍋半杯水再煮十分鐘也好吃。

　　幼稚園下課後,兒子陪我買菜的,他拿起牛蒡,問說為什麼超市要賣樹枝?我告訴兒子:「今天我們就用樹枝來煮晚餐吧!」首選當然是壽喜燒囉!

　　牛蒡外表不起眼,但是日本人心中的「東洋人參」,富含大量膳食纖維─相當營養好吃,卻非常平價。如果不喜歡牛蒡,還能加入洋蔥、白蘿蔔、白菜或高麗菜,蔬菜滿滿。

材料

牛肉火鍋片／（約 200g）	板豆腐／半盒（約 200g）
牛蒡薄片／ 1/3 根（約 50g）	茼蒿／一把
洋蔥絲／半顆（約 100g）	日式高湯／（200ml）
鴻禧菇／半包（約 50g）	日式醬油／（150ml）
鮮香菇 ／四朵（約 50g）	味醂 ／ 150ml
紅蘿蔔／十片（約 50g）	

步驟

1. 內鍋放入高湯、醬油和味醂後，再放入洋蔥、鴻禧菇、鮮香菇、紅蘿蔔、牛蒡和豆腐。

⭐ 想要漂亮一點，香菇可以切花，先用小刀畫米字，再左右斜切就好了。

2. 外鍋一杯水，按下開關蒸煮約 20 分鐘。

3. 開蓋在內鍋放入茼蒿和牛肉片，外鍋一格水再蒸煮約五分鐘即可。

POINT

💡 日式高湯可依喜好選用柴魚高湯或昆布高湯。

💡 紅蘿蔔壓成楓葉狀，剩下的部分不要丟掉，我會切碎冷凍，用來炒飯炒菜炒蛋煮濃湯都可以。

💡 牛蒡怕氧化變黑，若是事先切好備用著，可以準備一鍋冷水加一大匙的白醋，牛蒡去皮後，削成薄片泡白醋水。

💡 冷凍保存牛蒡：牛蒡買多了，可以一次處理起來，很方便。煮一鍋滾水汆燙去皮牛蒡，煮過後瀝乾，分裝放入保鮮袋後冷凍保存。運用來煮牛蒡排骨湯、日式煮物、或是跟絞肉、豆瓣醬、香油拌炒也十分美味。

💡 燙過牛蒡的水，可以當作牛蒡茶飲用，是不是相當省錢又環保呀！

蠔油滑菇
芥蘭牛肉

　　冬天是芥蘭的季節，特別喜愛帶有花蕊的蔬菜，若住處後院有幾
畝田地，菜肴皆能綴上幾朵蔬菜小花，是否特別雅緻呢～可惜我自幼
習慣都市生活，這種詩情畫意的農村生活，也只能當作白日夢了。

　　把葉子摘下，撕去菜梗外層粗纖維，梗與葉分別放在二盆中，小
時候被媽媽吩咐的工作，長大還是繼續做著，只是童年配著卡通，現
在則是追劇了。

材料

牛肉薄片／200g   蒜末／一茶匙

芥蘭菜／一包（約250g）   沙拉油／一大匙

雪白菇或鴻禧菇／半包（約50g）   蠔油／約兩大匙

步驟

1. 先沙拉油放入內鍋，再依序放入芥蘭菜梗、雪白菇、蒜末，外鍋半杯水按下開關蒸煮十分鐘。

   ★ 芥蘭菜梗外層粗纖維要事先撕掉，口感才會好。

2. 開蓋，在內鍋放入菜葉及牛肉片，均勻淋上蠔油。

3. 外鍋一格水再蒸三分鐘，開蓋拌勻後試吃調味，盛盤享用。

POINT

芥蘭清洗後，要將菜梗菜葉挑好分開，先下梗，葉子最後和牛肉一起稍微蒸一下就好，才能維持漂亮翠綠。

延伸料理 – 沙茶洋蔥牛肉

同樣都是牛肉片，用電鍋還能簡單做出好多菜色，例如台灣熱炒店最出名的沙茶洋蔥牛肉也是一鍋到底就能完成。首先牛肉片用沙茶蠔油稍抓醃幾分鐘，這時切洋蔥絲，二種食材一起放入內鍋，外鍋半杯水蒸煮十分鐘就完成囉！相同作法，替換成豬肉片、羊肉片都可以，舉一反三就學會三道菜，簡不簡單呀～

沙茶番茄牛肉煲

在台灣穿街走巷的餐食小館，沙茶醬就像直率熱情的市井小民，總能爽快的拉近彼此距離，加在家常料理中，香氣豐富又特別下飯。

🥕 材料

洋蔥／半顆（切絲）　　沙茶醬／兩大匙
蒜末／一茶匙　　　　　醬油膏／兩大匙
牛肉片／300g
牛番茄／約300g（切塊）
蔥花或蔥絲／少許（可略）

⏱ 步驟

1. 洋蔥絲、蒜末、番茄塊和沙茶醬放入內鍋，外鍋半杯水按下開關蒸煮10分鐘。
2. 醬油膏和牛肉片拌勻後，拌入內鍋，外鍋一格水再續蒸五分鐘。
3. 開蓋，試吃調味，盛盤後撒上蔥花即可。

 POINT

💡 先用醬油膏醃過的牛肉，加上少許澱粉包覆，吃起來很是滑嫩入味。

💡 洋蔥半顆先泡一下水後，再用磨利的刀快速切絲，較不容易流淚喔！

麻油薑絲羊肉

這是每當寒流來襲，就會想到的料理，因為用爐火爆炒雖有鍋氣，卻容易讓麻油變得燥熱上火，我改用電鍋加熱蒸煮，溫補暖身無負擔，香氣一樣十足。

材料

羊肉片／200g   麻油／兩大匙

醬油膏／兩大匙   米酒／兩大匙

老薑／約五片（切絲）   枸杞／少許

金針菇／一把（約200g）

步驟

1. 羊肉和醬油膏拌勻醃漬至少十分鐘。

2. 薑絲、麻油和米酒在內鍋拌勻，外鍋一格水按下開關蒸煮約五分鐘。

3. 開蓋，羊肉和切段的金針菇和米酒一起放入內鍋，外鍋半杯水再蒸煮十分鐘，開蓋拌勻並試吃調味即可。

 POINT

💡 材料中的羊肉片可以選用超市的火鍋羊肉片或羊肉絲都可以，醃漬時間超過半小時或前一天晚上先醃好放冰箱冷藏，

💡 羊肉也能用豬肉或雞肉替代，相同食譜主食材一替換就是新一道美味囉！

沙茶羊肉空心菜炒麵

　　沒想到電鍋也可以做炒麵料理耶～把這照片分享在網路上大獲好評！

　　其實原本是想要做成蓋飯，但兒子那天說想吃麵，感謝他的美味提案～ 我就試著電鍋做做看，把冷凍庫裡的北方拉麵沖水退冰，再下鍋和所有食材翻勻，台式經典好滋味，超讚的 (*ˇˇ*) 大成功喔！

材料　　羊肉片／200g　　　　　沙茶油／一大匙

　　　　　　米酒／兩大匙　　　　　蒜末／一大匙

　　　　　　醬油／兩大匙　　　　　空心菜／半包（約150g、切段）

　　　　　　沙茶醬／四大匙　　　　辣椒／五片（可略）

　　　　　　麵粉／一大匙　　　　　冷凍麵條／一包

步驟　　1. 羊肉、米酒、醬油、沙茶醬拌勻醃一下，再加入麵粉和沙茶油混
　　　　　　 合備用。

　　　　 2. 蒜末、辣椒、空心菜梗和羊肉放入內鍋，外鍋半杯水按下開關蒸
　　　　　　 煮十分鐘。

　　　　 3. 開蓋，麵條放入內鍋拌勻，加入空心菜葉，外鍋2格水再蒸煮五
　　　　　　 分鐘，開蓋拌勻後試吃調味即可。

POINT

用電鍋煮麵建議使用「冷凍麵條」。無論是油麵、烏龍麵或拉麵，冷凍麵條的口感
完勝冷藏麵條喔！覺得半信半疑的話，可以去超市各買一款回來實驗。當時我初次
聽到日本廚師說到這個概念的時候，也是不可置信，無論是超市或大賣場都滿容易
買到的讚岐冷凍麵條，親自實驗後才發現這個爆炸性的差別～ 應該是因為澱粉在
冷藏4℃溫度，會逐漸劣化而慢慢失去彈性的緣故。

 最近用電鍋研究簡單肉片料理，先用米酒、醬油膏（或沙茶
醬）醃過的肉片，最後再加上少許澱粉包覆，吃起來很是滑
嫩入味。（澱粉可以用太白粉或一般生粉都可以，但千萬不
要一開始就加粉，肉的毛孔阻塞就不容易入味囉！）

孜然洋蔥羊肉

孜然是很特別的香料，用它搭配做菜有著豐富層次，飽滿誘人的香氣，隨著電鍋裡冒出的蒸氣，瀰漫到家裡的空間，還沒出鍋口水就流出來了呀！同樣作法，可以用豬肉或雞肉代替。

🥕 材料

羊肉絲／300g	麵粉或太白粉
米酒／兩大匙	香油／半茶匙
醬油／一大匙	洋蔥／一顆
孜然粉／一茶匙	蒜末／一茶匙
花椒／五粒（泡 100ml 熱水備用）	
香菜或蔥花／少許	

⏱ 步驟

1. 羊肉和米酒、醬油、孜然粉拌勻醃一下後，加入麵粉和香油混合備用。
2. 洋蔥絲、蒜末、花椒水與醃好的羊肉依序鋪於內鍋裡。
3. 外鍋一杯水按下開關蒸約 30 分鐘，起鍋綴以香菜或蔥花即可。

POINT

💡 花椒遇熱香氣才會出來，餐廳師傅總會用熱水爆香，我的家庭版是泡 100ml 熱水，健康清爽一樣很香。

泰式檸檬松阪豬

松阪豬的油脂豐富，口感脆而彈牙。在電鍋煮湯或煮飯的時候，用蒸盤或蒸架同時烹煮，就多這道美味的料理。如果用蒸架，下方可以煮飯，或是適合增添豬高湯風味的湯品或燉煮料理。如果家裡沒有魚露，改用醬油也可以，不那麼泰式，同樣鹹香美味。

材料

松阪豬／一片約 200g　　魚露／兩大匙

醬油／一大匙　　　　　蒜末／約一大匙

檸檬／半顆約 50ml　　香菜／一小把切碎

辣椒碎／約一茶匙（可略）

洋蔥／ 1/4 顆約 100g

步驟

1. 松阪豬用醬油醃漬，放在蒸盤上，外鍋一杯水按下開關蒸約 30 分鐘。

2. 洋蔥切碎，和辣椒、檸檬、魚露和香菜拌勻，試吃調味盛裝在小碗中。

3. 取出蒸熟的松阪豬肉，採逆紋斜切成薄片，佐以醬料一起享用。

POINT

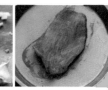

蒸盤下可以和白飯或燉湯同煮，輕鬆做出一鍋出兩菜。

豆豉青椒肉片

最近試著把大火熱炒的菜色，電鍋實驗試做了幾輪，發現雖然少了鑊氣，但也減少了油煙和焦化物質的負擔。有次幾個朋友來家裡吃飯，我做了這道菜，等他們享用後才宣布「這是用電鍋做的唷」，讓大家都驚訝不已，原來健康零油煙，也可以吃到熱炒系台菜耶！

🥕 材料

梅花豬肉片／約 200g	麵粉／一大匙
醬油／一大匙	香油／一茶匙
米酒／一大匙	青椒／兩顆
豆豉／一大匙	辣椒／少許

⏱ 步驟

1. 內鍋放入豬肉片、醬油和米酒拌勻醃一下後，加入麵粉和香油拌勻。

2. 青椒和辣椒去除蒂籽白膜後切成片狀，也放入內鍋。

3. 外鍋半杯水按下開關蒸 15 分鐘，開蓋，翻拌均勻後試吃調味。

🍚 POINT

💡 在肉類的醃料中，很常會加入少許澱粉，可以增添滑嫩的口感。這裡使用的麵粉不分筋性，也可以用玉米粉或太白粉代替。

💡 肉類還可以用五花肉片、牛炒肉片、肉絲等都可以，只要青椒切的跟肉相同大小，例如肉絲配青椒絲，肉片則搭配差不多尺寸的青椒片。

💡 黑黑的豆豉或稱蔭豉，比較容易買到的濕豆豉，濃烈醇厚的醍醐味，讓料理風韻餘韻無窮。

冰箱常備肉丸子

　　小時候最愛吃的客家菜，就是梅乾菜肉丸。單純的肉丸子好吃，夏天時還可以加加工，和苦瓜或冬瓜一起滷煮，葷素搭配營養均衡，而且更加消暑開胃。用外婆做的梅乾菜，和媽媽一起做肉丸子，總會讓我多添碗飯～

梅乾菜肉丸子

肉丸子可以一次多做一點，可以裝在保鮮盒中放冷凍保存。臨時需要加菜的話，用電鍋跟其他料理同時加熱，就可以很方便增添菜色。

🥕 材料

絞肉／300g	醬油膏／15g
梅乾菜／一捆	冷水／一湯匙
醬油膏／15g	

⏱ 步驟

1. 梅乾菜泡水，用剪刀剪得細碎，瀝洗兩回。

2 將梅乾菜碎、絞肉和醬油膏和水用力攪拌拌勻後，以雙手掌心互相拋打成一個個緊實的小圓形，置於蒸盤。

⭐ 肉餡攪拌均勻最好是能拌到肉有點出筋性，都很緊密時，再再用虎口捏出小肉球。

3. 將蒸盤放入電鍋裡，外鍋半杯水按下開關蒸煮 15 分鐘即可。

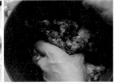

 POINT

💡 加一點水在肉餡裡，專有名詞打「打水」，能讓肉丸子吃起來不乾柴多汁。絞肉的選擇也不要全部都是瘦肉，稍微有一點點油脂，口感更好。

梅乾菜肉丸蒸苦瓜

如果要同時跟苦瓜或冬瓜一起料理的話，那就這樣做。

🥕 材料

白玉苦瓜／一條 300g   高湯／ 300g

梅乾菜肉丸子／數顆   醬油膏／少許

⏱ 步驟

1. 苦瓜清洗後刮除內囊，和一茶匙鹽巴與 1/3 鍋清水放入內鍋。

2. 電鍋外鍋半杯水，苦瓜放內鍋和梅乾菜肉丸蒸盤依序放入電鍋，按下開關蒸煮約 15 分鐘。

⭐ 就是一鍋二菜，下苦瓜上肉丸子。

3. 將內鍋苦瓜的鹽水瀝除後，加入梅乾菜肉丸和湯汁、高湯，外鍋一杯水再蒸煮約半小時，開蓋試吃，最後以和醬油膏調味即可。

絞肉料理不藏私，主動再+1

客家酸菜蒸肉末

如果不是追求乾爽並粒粒分明的料理，試著用電鍋隔水燉煮，似乎也都是日常輕鬆的美味提案！

材料

酸菜 150g、豬絞肉 200g、蒜末一大匙、薑末一大匙、醬油一大匙、米酒一大匙、砂糖半茶匙辣椒片少許（可略）

步驟

1. 酸菜切碎用熱水沖泡一分鐘瀝乾，去除水分。

2. 內鍋依序放入蒜末、豬絞肉、醬油、米酒、砂糖和酸菜。

3. 外鍋一杯水蒸煮約半小時。拌入辣椒片後盛盤。

豆腐乳 肉片

清粥小菜必備的豆腐乳，配稀飯就是美味。除此之外，豆腐乳也可用來醃肉或炒菜喔！常見的腐乳空心菜、香炸豆乳雞等都有在餐廳見過對吧！這次用低脂細緻的里肌肉，先用醃料調味，再裹上麵粉和植物油，吃起來會非常入味軟嫩～

🥕 材料

豬里肌肉／約 200g（切薄片）

麵粉／一大匙	醬油膏／15g
橄欖油／一大匙	冷水／一湯匙
蒜末／一茶匙	蔥花／少許
辣椒片／少許	

< 醃料 >

豆腐乳／一塊約 15g	醬油／一大匙
米酒／一大匙	

⏱ 步驟

1. 豬里肌肉片和醃料在內鍋拌勻稍醃一下後，加入麵粉和橄欖油拌勻。

2. 內鍋放入電鍋裡，外鍋一杯水按下開關煮約 20 分鐘。

3. 開蓋，拌入蒜末和辣椒片，試吃調味後盛盤後綴以蔥花即可。

POINT

💡 調味的部分，可根據每個人口味不同，或是購買的調味料鹹度甜淡有別。所以雖然食譜中有標示了用量，但試吃後，覺得需要再更鹹，就加點鹽或醬油；喜歡甜甜的就加點砂糖；希望調味料風味突出，那就加豆腐乳或是根據食譜增添該料理所用的調味料，調整成自己喜歡的味道。

泰式香米

蝦醬
高麗菜

椰奶
綠咖哩雞

泰式咖哩套餐

電鍋一鍋多道菜應該是很多婆婆媽媽的拿手絕活！ 初學者要了解每道菜肴的烹飪時間或是思考菜色組合，算是進階的挑戰。

如果你試做許多電鍋料理，培養出信心後，就可以開始運用一鍋多菜的技巧，享受電鍋為生活帶來的便利。首先要思考內鍋組合，可以用市售本來就組合搭配的內鍋層架。單人份的料理，則非常適合用「不鏽鋼便當盒」來取代內鍋。這個示範就用了兩個小橢圓便當和一個大圓形便當。

泰國香米飯

　　泰國香米粒粒分明口感乾爽，搭配咖哩享用特別契合。建議根據包裝上的指示料理，如果不想特別買泰國米，用台灣米也可以。

🕐 步驟

1. 一杯泰國香米用網篩洗淨瀝乾，加入一杯清水等比放入內鍋。
2. 外鍋一杯水按下開關煮至跳起時，再燜 10 分鐘。共計約 30 分鐘即可開蓋。

蝦醬高麗菜

🥕 材料

大蒜／一瓣拍裂去皮　　米酒／一大匙
蝦醬／一茶匙　　　　　高麗菜／約五片
紅蘿蔔片／少許

🕐 步驟

1. 大蒜、蝦醬、紅蘿蔔片、一大匙米酒先放入內鍋。
2. 而放入高麗菜在紅蘿蔔片上，跟香米的便當盒二個放入電鍋裡。
3. 外鍋一杯水，按下開關燜煮約 30 分鐘，開蓋拌勻後試吃調味即可。

胡蘿蔔是很好的配色蔬菜，可以一次切片好用保鮮袋冷凍保存，需要時取適量出來即可。

椰奶綠咖哩雞

傳統的泰式綠咖哩，經典搭配蔬菜使用的是小圓茄，這裡用比較好取得的洋蔥和玉米筍，還有我私心覺得對味的芋頭。大家在做料理思考搭配食材時，不妨用冰箱現有食材組合搭配，或是在餐廳吃到很喜歡的組合，用手機記錄後回家嘗試。

材料

去骨雞腿肉／一支（切塊）

紫洋蔥／半顆（切塊）

玉米筍／半盒約 50g（切半）

芋頭／ 100g（切塊、可略）

泰式綠咖哩醬／一大匙

椰奶／ 200ml

九層塔／少許

辣椒／少許

步驟

1. 將雞腿肉和洋蔥、玉米筍、芋頭放入內鍋。

2. 加入綠咖哩醬和椰奶於內鍋，外鍋一杯水按下開關燉煮。

3. 開關跳起後放入層架，再放入泰國香米和蝦醬高麗菜，再一杯水蒸煮 30 分鐘，開蓋加入九層塔和辣椒即可。

POINT

 泰式料理如果不夠鹹，可以用魚露取代鹽巴，除了調整鹹度，更增添鮮香。

Chapter **5**

. . . .

不失敗
健康**海鮮**料理
好清爽

小黃瓜透抽

Q彈的透抽拌炒脆甜黃瓜，吃起來鮮美清爽。而且低脂低卡的頭足類海鮮含有豐富營養素，是超棒的蛋白質來源，是吃不胖的家常菜之一。

🥕 材料

透抽／一隻約 500g　橄欖油／兩大匙

小黃瓜／一根　　　米酒或白酒／一大匙

大蒜／一瓣（切片）　鹽巴／少許

紅蘿蔔片／少許

⏱ 步驟

1. 內鍋放入兩大匙橄欖油、蒜片和紅蘿蔔，外鍋 0.1 杯水，按下開關蒸煮約五分鐘。

2. 透抽切片，小黃瓜切片，和米酒、鹽巴一起放入內鍋。

3. 電鍋外鍋半杯水，再按下開關蒸煮十分鐘，試吃調味後盛盤即可。

🍚 POINT

💡 剛學做菜的時候，為了找到食譜的「花枝」跑了無數間超市。其實頭足類海鮮：透抽、花枝、軟絲等口感差異不大，都可以互通替換。

💡 切薄片、切圈或條狀都可以，唯獨花枝肉質肥厚，必須要再以刀尖切花幫助入味。

XO 醬芹菜透抽

　　干貝 XO 醬是我冰箱的常備醬料，濃縮淬煉的海洋鮮味加上微辣很開胃，無論沾煮拌炒，總能讓料理備加生色。在冬季的芹菜或高麗菜脆嫩清甜，夏季則用蘆筍或黃瓜拌炒，立刻學會好幾道菜變化。

🥕 材料

XO 醬／兩大匙

辣椒／少許（斜切片）

大蒜／一瓣（壓裂）

芹菜／250g

老薑／兩片（切絲）

透抽／一隻（約 500g）

⏱ 步驟

1. 芹菜洗淨去除葉子切段備用。透抽切花斜切片。

2. 淋內鍋放入 XO 醬、大蒜、薑絲，外鍋一格水爆香。

3. 放入芹菜、辣椒、透抽拌勻，外鍋半杯水煮約 10 分鐘，試吃調味。

軟嫩薑燒魚

現在超市的冷凍火鍋肉片區有出很多處理好的魚片，可以任選喜歡的，如鱈魚、石斑魚、鱸魚、海水養殖的鯛魚片等都很適合，我喜歡去刺的白肉魚。

說到嫩薑絲，市場有專門用機器處理薑絲的商店，買一大包嫩薑絲平鋪冷凍保存可以放兩個月以上，煮魚湯或蛤蜊湯時，不用退冰就直接折一塊下鍋，非常方便。自己切稍微麻煩些，但可以當作刀功的訓練（笑）。

🥕 材料

嫩薑絲／約 30g	味醂／一大匙
魚片／200g	清水／50ml
板豆腐／半塊（約 100g）	
鴻禧菇／半包（約 50g）	
紫蘇油或橄欖油／一大匙	
日式柴魚醬油／一大匙	

⏱ 步驟

1. 內鍋依序鋪上豆腐、魚片、鴻禧菇。
2. 淋上柴魚醬油、味醂、清水和紫蘇油，最後鋪上薑絲。
3. 外鍋半杯水按下開關蒸煮約十分鐘，試吃調味。

POINT

💡 用紫蘇油就會有一股日式香草的清香味，只用一般橄欖油也是能做的好吃。

沙茶塔香蛤蜊

沙茶醬，可說是台菜的靈魂！

　　沙茶的製作過程，已經仔細的釋放融合香氣，在使用上非常方便，可以簡單的烹調就為料理大大加分。蛤蜊本身就帶有鹹味，用層次豐富的沙茶和少許的醬油就完成這道下飯料理，所以記得白飯得多煮兩碗唷～

🥕 **材料**　沙茶油／兩大匙　　　沙茶醬／兩大匙

蒜末／一大匙　　　　醬油／半茶匙

老薑／三片（切絲）　米酒／一大匙

辣椒片／少許　　　　九層塔／少許

蛤蜊／約 300g

⏱ **步驟**　1. 內鍋放入沙茶油、蒜末、辣椒和老薑絲，外鍋 0.1 杯水按下開關蒸煮約
　　　　　　五分鐘。

2. 放入蛤蜊、沙茶醬、醬油和米酒，外鍋半杯水按下開關蒸煮十分鐘。

3. 起鍋前拌入九層塔即可。

九層塔受熱太久容易變黑，
所以一定要起鍋前才放入，拌一下立刻起鍋。

💡 **讓蛤蜊乖乖吐沙**

如果在室溫大約費時 2～3 小時可以完成吐沙，
我習慣是早上買的蛤蜊，泡鹽水冰在冰箱冷藏慢慢吐
沙，晚上清洗後使用。鹽和水的比例是 500ml 的清
水，配上 10g 的鹽巴，這樣的鹹度跟海水接近，最有
利於蛤蜊吐沙。

如果購買已經完成吐沙的蛤蜊盡量
真空封緊，可冷藏保存約 1～3 天
（但是越新鮮越美味）。

芋頭
小卷米粉

　　說到芋頭小卷米粉，是否會想起家鄉的美食地圖呢？或是回外婆家，孩子們會圍在大鍋前，吃著一碗接一碗的滿足感。

　　我覺得用代表著台灣古早味的香菇、蝦米、油蔥加上大骨湯頭，已經很香了，那芋頭燉得綿密鬆軟，新鮮小卷下鍋從盈透轉白，純米米粉和韭菜花下鍋，就準備上桌開動，好吃到教人激動呀！

材料

乾香菇／一碗（約30g）	娃娃白菜／200g
蝦米／兩大匙（約15g）	乾燥米粉／約250g
油蔥酥／兩大匙	小卷／約300g
醬油／兩大匙	韭菜花或芹菜／100g（切小段）
豬骨高湯／1000ml	白胡椒粉／適量

步驟

1. 乾香菇泡水切絲，內鍋裡放入蝦米、香菇絲、油蔥絲、芋頭、醬油和高湯。

2. 外鍋一杯水，按下開關煮到跳起後放入娃娃白菜，外鍋再一杯水續煮至開關跳起。

3. 開蓋，放入米粉和小卷，外鍋半杯水煮10分鐘。

4. 放入韭菜花，外鍋0.1杯水按下開關蒸煮，待開關跳起，開蓋試吃並用胡椒粉調味。

POINT

- 米粉的烹煮方式請參考包裝！有些純米米粉非常柔軟不耐煮，等鍋底煮好後，下鍋拌勻就要馬上享用。含米量較低的炊粉可能需要事先浸泡軟化，再經過烹煮才能享用，購買時請確實比較過產品成分和建議的烹煮方式，調整食譜作法。

- 以往要買芋頭總會十分猶豫，芋頭削皮時會碰的黏液，會造成皮膚過敏，有點麻煩。現在有許多超市販賣處理好的冷凍芋頭塊，或是在市場買老闆處理好的芋頭，回家分裝冷凍。

- 芋頭如果事先油炸過會比較香，並且能保留完整形狀。沒有炸過的芋頭則比較鬆散綿軟，可依照喜好選購。

豬骨高湯風味醇厚，也可以用較為清爽的柴魚高湯。

奶油蒜蓉松露蒸蝦

奶油金針菇和蒜蓉蒸蝦都是人氣料理，當要宴客或想來點生活儀式感時，結合二種讓人喜愛的元素，再來點小奢華松露醬，就看起來非常講究有質感喔！

 POINT

💡 必須選購「冷凍」而非冷藏的蝦子。因為蝦離水很難存活，瞬間急凍更能保存鮮度。選購常見的大白蝦，或是同品種但不同產地的藍鑽蝦都可以。

材料

大鮮蝦／約十隻　　　　　海鹽／少許

蒜頭／約十瓣（切末）　　松露醬／少許（可略）

奶油／30g（切小丁）　　大蒜奶油醬／適量

金針菇／一把

步驟

1. 金針菇去除根部撥散放入內鍋，加入 10g 的奶油和少許海鹽，外鍋半杯水按下開關蒸煮約 10 分鐘。

2. 鮮蝦開背去腸泥，鋪在金針菇上。大蒜奶油醬用小湯匙填在每隻蝦背上。

3. 外鍋半杯水按下開關蒸煮五分鐘，開蓋起鍋盛盤並在每隻蝦背上點綴上松露醬即可。

💡 **鮮蝦開背的方法**

左手固定住蝦子將其背部拱起來，刀子水平的橫切。如果對刀工沒有信心，可以先用剪刀將殼的部分剪開，在用刀子切蝦肉開背。

切開蝦子後會看到有條黑黑的腸泥，要記得將其拉除丟棄。

💡 **大蒜奶油醬 DIY**

＊如果有食物調理機，可以用 100g 的奶油（冷藏狀態），加上 100g 的去皮蒜仁和一茶匙的海鹽，一起攪打成泥狀，做成大蒜奶油醬。

＊做多了時，可以平鋪在食物塑膠袋內或烘焙紙裡，壓成薄薄的冷凍。需要時只要撥小塊直接使用，無需退冰，放在吐司或麵包上烘烤，或是像這樣和鮮蝦、扇貝等海鮮一起料理，非常方便好吃。

白酒菠菜蝦仁

重點在於很多蒜末和橄欖油，用任何海鮮都可以變得美味。中午有時候只想簡單的吃頓輕食，營養均衡再同時加熱麵包，是我非常喜歡的料理。

🥕 材料

大鮮蝦／約十隻	橄欖油／三大匙
蒜末／兩大匙	白酒／兩大匙

菠菜／一包約 250g（切段）

小番茄／約 100g（切對半）

海鹽／適量

現磨白胡椒／少許（可略）

⏱ 步驟

1. 鮮蝦去殼和腸泥，蝦頭可以留用增香。

2. 菠菜菜梗、蒜末、橄欖油、白酒和蝦頭放入內鍋，外鍋半杯水按下開關蒸煮十分鐘。

⭐ 蝦頭不吃的話煮好就可以取出丟棄。

⭐ 可以搭配蒸架同時加熱麵包。

3. 菠菜葉、蝦仁、小番茄放入內鍋，外鍋半杯水按下開關再蒸煮五分鐘，開蓋拌勻後試吃，用海鹽和白胡椒調味。

第二步驟時可以加上蒸架，放上喜歡的冷凍歐包一起加熱，起鍋時二者一起吃，有蔬菜有蛋白質有澱粉，很舒服的一餐喔！

地中海 番茄章魚

你沒看錯，這道真的是無水料理，洋蔥、番茄和章魚都會釋放鮮甜湯汁。

無論是用大章魚腳或是小章魚都可以，如果買不到章魚，用透抽或小卷做這道食譜也十分美味。

🥕 材料

小章魚／250g	黑橄欖／一大匙
蒜末／一大匙	綠橄欖／一大匙
洋蔥／半顆（切碎）	酸豆／一茶匙
橄欖油／三大匙	羅勒／少許
小番茄／約100g（對切）	

⏱ 步驟

1. 內鍋放入小番茄、洋蔥、蒜末和橄欖油拌勻。

2. 再於內鍋裡放上小章魚，外鍋半杯水按下開關蒸煮15分鐘。

3. 開蓋，放入橄欖、酸豆和羅勒拌勻，試吃調味後盛盤即可。

泰式酸辣海鮮煲

「冬蔭功 Tom Yum Gun」是泰式酸辣湯，酸辣鮮明的風味，搭配多種海鮮，讓人吃得大呼過癮。講究點的可另外準備南薑、香茅、檸檬葉，新鮮的最好，乾燥的也可以，會讓湯頭香氣更有層次。若希望酸辣風味更溫和順口，可以加入椰奶調整。

🥕 材料

泰式酸辣湯醬／兩大匙	白蝦／約 100g
香菜／一小把	魚片／約 100g
牛番茄／一顆（切丁）	小章魚／約 100g
蘑菇或草菇／一盒	魚露／少許
蛤蜊／約 100g	檸檬汁／少許
高麗菜／約四片（切大塊）	
砂糖／少許	

⏱ 步驟

1. 內鍋放入 500ml 清水和兩大匙酸辣湯醬，拌勻後放入香菜莖、番茄丁和蘑菇。

2. 外鍋半杯水，按下開關蒸煮約 15 分鐘後，開蓋放入高麗菜和海鮮，外鍋半杯水再煮 15 分鐘。

3. 試吃調味，盛盤後灑香菜葉即可。

 POINT 💡 泰式酸辣湯醬或是泰式咖哩醬，在精品超市、連鎖超市和大賣場或網購都找得到。

💡 **泰式料理的調味元素：**魚露(鹹度)＋檸檬汁(酸度)＋砂糖(甜度)

一般做菜如果希望更鹹，通常是用鹽巴調味，而泰式料理則改用魚露來增添鹹香。

和風蛤蜊燉冬瓜

冬天就是要喝熱湯呀,前幾天才煮了蛤蜊冬瓜湯,今天改用日式醬油高湯燉煮成晶透琥珀色,再加入蛤蜊釋放極鮮美味。

材料

冬瓜／一圈約 400g　　　老薑／五片

日式醬油／一大匙　　　蛤蜊／ 300g

九層塔或蔥花／少許(可略)

步驟

1. 冬瓜去皮切塊和薑片放入內鍋,加入日式醬油和剛好蓋過冬瓜的水量。

2. 外鍋一杯水,按下開關蒸煮半小時。

3. 開蓋,放蛤蜊進內鍋,外鍋半杯水再煮 15 分鐘。盛盤後綴以九層塔或蔥花即可。

 POINT

💡 如果沒有蛤蜊,改用冰箱常備的雞肉丁或豬肉末,跟冬瓜一起燉煮半小時,則淡雅芳潤,素樸美味。

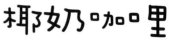

椰奶咖哩
魚片

小時候吃咖哩，只認識日式咖哩塊。長大才發現咖哩的世界浩瀚無垠（笑），無論是日式、印度或泰式咖哩粉都可以，總讓我想起那曾經香料比黃金珍貴的絲路時代。

很喜歡在炒花椰菜或烤馬鈴薯加時入咖哩粉，也可以在煎雞腿起鍋前添加少許咖哩粉，在熱度和雞脂的作用下滿室盈香，還能上色快速。

🥕 材料

鱸魚火鍋片／約 200g

洋蔥／半顆（切丁）

牛番茄／一顆（切丁）

咖哩粉／約一大匙

椰子油或橄欖油／一大匙

椰奶／約 165ml

香菜或辣椒／少許（裝飾用可略）

⏱ 步驟

1. 內鍋放入洋蔥、番茄、咖哩粉、椰子油，外鍋半杯水按下開關蒸煮約 15 分鐘。

2. 魚片撒上少許鹽巴和咖哩粉抹均勻。

3. 椰奶加入內鍋拌勻後，放入魚片，外鍋半杯水按下開關蒸煮約 15 分鐘，試吃調味後盛盤。

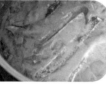

羅勒番茄蛤蜊

每當買了一袋蛤蜊，必定得切許多蒜末，這兩項食材的強烈風味，就像交響樂團般熱鬧。羅勒和番茄都是錦上添花，可以改用青紅辣椒片或是彩椒。

單吃是一道菜，也會想要燙把義大利麵，在內鍋熱烈的吸飽湯汁，或是用麵包把盤子擦得乾淨吮指回味。

 材料

橄欖油／一大匙	蛤蜊／300g
蒜末／約兩大匙	白酒／50ml
小番茄／約 100g（對切）	羅勒／少許
奶油／10g（可略）	

 步驟

1. 依序在內鍋放入橄欖油、蒜末、番茄、蛤蜊、白酒和奶油。
2. 外鍋半杯水按下開關蒸煮約 15 分鐘。
3. 開蓋，加入羅勒拌勻後盛盤享用。

POINT

- 可以同時加熱法國麵包或歐式餐包。
- 如果家裡有食物調理機，製作蒜末便非難事。多做的可用保鮮膜鋪平冷凍，需要時不必退冰直接下鍋，非常方便好用。

韓式
透抽冬粉

今年韓劇當道，連帶著讓大家喜歡韓國飲食文化，暖呼呼的韓式小火鍋，正式加入了餐桌常見菜色。有時候是用豬肉，或是蛤蜊、透抽等在家煮可以很靈活滿足自己的口腹之慾。

 # 如果你要煮泡菜鍋或豆腐鍋，想要好吃又鮮甜，可以這樣做：

1. 別只加泡菜。

2. 湯底加昆布或魚乾。

3. 加入兩種以上的味噌或辣醬＝專業的美味。

材料

昆布／約八公分　　　　　黃豆芽／200g

韓式辣醬／半大匙　　　　嫩豆腐／半盒（約 150g）

韓式大醬／一大匙　　　　透抽／約 300g（切圈圈）

日式味噌／一大匙　　　　韓式泡菜／200g

清水／600g　　　　　　蔥花／少許

韓國冬粉／150g

步驟

1. 內鍋放入昆布、韓式辣醬、大醬、味噌和清水拌勻。

2. 再於內鍋裡，依序放入冬粉、黃豆芽、豆腐和透抽，外鍋半杯水
   按下開關煮約 20 分鐘。

3. 開蓋，最後放入泡菜和蔥花並試吃調味，即可。

 POINT

💡 韓國冬粉比較 Q 彈耐煮，在連鎖超市或網路商城都很容易買到。

💡 昆布表面白白粉粉的，是本身就含有的風味物質，甘露醇和鹽分等，不用把它洗掉喔！

味噌類的醬料可以多備幾種不同的，
混合加入讓湯頭層次更豐富。我家冰箱常備有：
1. 韓國辣醬（辣椒和糯米等發酵）
2. 韓國大醬（有點像豆瓣醬的味噌）
3. 日本白味噌及紅味噌。

地中海大蝦櫛瓜

在眾多流行飲食法中，地中海飲食歷史悠遠，許多專家學者都十分推崇。以橄欖油、海鮮和蔬菜組成的料理，補充膳食纖維與抗氧化營養素，享受美食同時守護健康，如果沒有買到櫛瓜，用白花椰綠花椰菜也可以。

材料

鮮蝦／約 300g

黃櫛瓜／一根（切丁）

綠櫛瓜／一根（切丁）

義式綜合香料／少許

蒜末／兩大匙

橄欖油／兩大匙

步驟

1. 內鍋放入橄欖油、蒜末和普羅旺斯香料，外鍋一格水，按下開關加熱約五分鐘。

2. 開蓋，再於內鍋放入櫛瓜和鮮蝦，外鍋半杯水按下開關蒸煮五分鐘。

3. 開蓋，拌勻後用海鹽調味試吃。

 POINT

普羅旺斯香料或是義大利綜合香料在超市比較容易買的到，各品牌有些許差異。普羅旺斯香料是以百里香為主調香氣，結合羅勒、迷迭香和月桂葉等香草風味。通常義大利綜合香料還有添加奧勒岡及香薄荷，風味更為強烈。

如果有機會買到新鮮香草盆栽，推薦可在陽台上種著羅勒、迷迭香、百里香、薄荷等，除了增添風味，也讓料理看起來更為新鮮誘人。

薑絲豆豉小卷

鹹香回甘的豆豉，大豆發酵後成為深沉黑褐色，散發著類似壺底醬油的濃烈醍醐味。常用於台式料理：豆豉排骨、豆豉鮮蚵、豆豉蒸魚以及經典熱炒「蒼蠅頭」等，都是噴香下飯！

🥕 材料

蒜末／約一茶匙　　　濕豆豉／一大匙

老薑／五片（切絲）　米酒／一大匙

辣椒／三片（可依喜好增減）

生凍小卷／約 300g

⏱️ 步驟

1. 內鍋依序放入炒菜油、大蒜、薑絲和辣椒，外鍋一格水按下開關加熱約五分鐘。

2. 放入小卷、豆豉將和米酒拌勻。

3. 外鍋半杯水加熱約 15 分鐘。試吃調味即可。

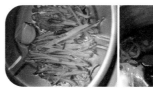

🍲 POINT

💡 市售豆豉有乾燥或豆豉醬，如果買乾燥豆豉，快速沖洗去除多餘鹽分，泡在米酒稍微壓碎後使用。

💡 豆豉很鹹，當道料理可以不用再加鹽～

chapter 6

好簡單
日常蔬食蒸好吃

奶油 胡蘿蔔絲

將胡蘿蔔切細絲，是我在練習刀工時常做的功課。

有些小孩抗拒吃胡蘿蔔，我自己是先用少許海鹽抓醃，這時就已經去除部分生澀味，再添加奶油用電鍋蒸至熟透，最後淋上孩子大愛的蜂蜜，豐潤微甜的滋味，讓孩子接受度大增。

材料

紅蘿蔔／半根　　　奶油／約 15g
海鹽／少許　　　　蜂蜜／一茶匙

步驟

1. 紅蘿蔔去皮切絲，撒上少許海鹽抓醃靜置五分鐘。
2. 紅蘿蔔和奶油放入內鍋，外鍋一杯水按下開關蒸煮約 20 分鐘。
3. 盛盤後淋上少許蜂蜜即可。

POINT

胡蘿蔔富含 β- 胡蘿蔔素，一定要遇熱遇油才能將營養完整釋放，在體內會轉化為維生素 A，對視力、皮膚等好處多多，還能提升免疫力。

日式胡麻
溫野菜

　　只將季節時蔬用昆布柴魚湯底蒸煮，就能品嘗到最單純簡單的滋味，就足夠暖胃暖心。另外準備的日式胡麻醬，則以醇厚濃郁帶著蔬菜演繹出齒頰留香的日式風情。

　　用電鍋烹煮的溫野菜，適合任何非綠色的蔬菜。其他適合的蔬菜還有：馬鈴薯、地瓜、芋頭、山藥、蓮藕、牛蒡、洋蔥、高麗菜、白菜、白花椰、木耳或菇蕈等，可依個人喜好挑選運用。

材料

昆布／一片（約八公分）	白蘿蔔／半根（切小塊）
栗子南瓜／一小顆（切片）	荸薺／約八顆
玉米／兩條（切段）	日式胡麻醬／一小碟
鴻禧菇／一包去除根部	柴魚醬油／少許
紅蘿蔔／半根（切小塊或片）	清水／300ml

步驟

1. 將昆布、所有蔬菜放入內鍋，再加入柴魚醬油和 300ml 清水。
2. 外鍋一杯水按下開關蒸煮半小時，盛盤後佐以胡麻醬即可。

 POINT

💡 栗子南瓜洗淨直接切片就好，外皮營養成分很高，不用去皮。

💡 這裡一定要用柴魚醬油或日式淡醬油，味道才會對，才不會死鹹。

💡 胡麻醬 DIY

1. 熟芝麻 30g 用日式磨缽，磨成細末至出油。
2. 加入日式美乃滋 50g、日式醬油一大匙、味醂一大匙、米醋一大匙、細砂糖一茶匙和少許鹽混合均勻即可。

原味
蒸南瓜

台灣農業高度發展，蔬菜簡單烹調就很美味。說起來似乎有點敝帚自珍，但南瓜給電鍋蒸熟後，用海鹽簡單調味，就能引出甘甜，素樸極簡卻綿軟可口，減肥時當成粗糧主食也很棒。

材料

南瓜／一顆
海鹽／適量
南瓜籽油／少許

步驟

1. 南瓜對切，削皮去籽切塊。（如果為有機南瓜，則可帶皮蒸食。）
2. 南瓜放入內鍋，撒上少許海鹽和南瓜籽油拌勻。
3. 外鍋一杯水，按下開關蒸煮約 30 分鐘。

 POINT

💡 在有機商店工作的鄰居推薦，南瓜籽油保健養生，試吃後發現除了健康，味道也非常圓融順口。如果沒有南瓜籽油，用品質好的橄欖油也很棒。

💡 在吃過原味覺得尚須調味，可以加點咖哩粉後，再加熱片刻讓油脂幫助香氣釋放。

法式白酒高麗菜

這道法國媽媽的家常菜，有著當季蔬食的素樸甘甜、培根的煙熏鹹香、白酒芳醇飽滿，相互交織餘韻悠長。

🥕 材料

洋蔥／一顆（去外粗皮切塊）

高麗菜／約半顆（剝大塊）

小馬鈴薯／4 顆	月桂葉／2 片
培根／約 200g	鹽巴／適量
白酒／100ml	黑胡椒／少許
大蒜／6 瓣	

⏱ 步驟

1. 將小馬鈴薯、蔥、培根、高麗菜、大蒜、月桂葉及白酒放入內鍋。

2. 外鍋一杯水按下開關蒸煮約半小時。開蓋拌勻，試吃調味，搭配現磨黑胡椒享用。

🍚 POINT

💡 蔬菜在蒸煮過程中會出水，所以這也是一道無水料理，請安心按食譜燉煮即可。

起司焗番茄

在極度發懶的早晨，省略洋蔥蒜末，連刀子砧板也不用拿出來，簡單用番茄罐頭和乳酪絲也可以完成，超簡單～

我家以前早餐通常只有麵包或饅頭單純的澱粉，自從營養觀念提升後，想到做這道料理同時搭配蒸麵包，蔬食和蛋白質兼具，還熱呼呼的非常美味。

材料

洋蔥／半顆（約 150g、切碎）
新鮮香草／少許 (裝飾用可略)
番茄／300g（去皮切丁）
乾燥普羅旺斯香料／少許
蒜末／1 大匙
橄欖油／兩大匙
乳酪絲／200g
冷凍貝果／一顆
乳酪絲／200g
冷凍貝果／一顆

番茄乳酪醬挖出來佐麵包一起享用，相當絕配。

步驟

1. 洋蔥、蒜末、香料和橄欖油放入內鍋，外鍋半杯水按下開關蒸煮十分鐘。
2. 開蓋，再將番茄和乳酪絲放入內鍋，加上蒸架。
3. 貝果置於蒸架上，外鍋兩格水按下開關蒸煮十分鐘即可。

POINT

 在這道食譜中，同步用蒸氣加熱的麵包適合貝果、歐包、法式長棍等。如果是台式麵包或非常柔軟的布里歐、小餐包等，則適合在烹調完成後，取出內鍋，放入蒸架乾鍋加熱。

韭菜豆芽拌豆皮

在素菜餐廳發現孩子很喜歡吃這道料理，搭配著豆皮似乎讓蔬菜更添素麗雅緻。油揚腐皮、生鮮腐竹、炸豆包、油揚豆皮絲等豆製品都很適合。

材料

炸豆包／兩片（切絲）	香油／一大匙
綠豆芽／一包（約 200g）	鹽／少許
韭菜／約 100g（切段）	

步驟

1. 內鍋放入炸豆包和兩杯水，外鍋半杯水按下開關蒸煮後，取出瀝乾水份去除表片炸油氣味，切絲。

2. 內鍋放入炸豆包絲、豆芽、香油和少許鹽，外鍋半杯水按下開關蒸煮約 10 分鐘。

3. 開蓋，內鍋放入韭菜，外鍋一格水，按下開關蒸再煮約 3 分鐘，試吃調味即可。

 POINT

綠豆芽或黃豆芽都可以，只是綠豆芽口感較細緻。

黑胡椒奶油洋蔥

靈感來自夜市牛排或鐵板豆腐，加了黑胡椒和奶油後，帶出洋蔥甜味的自有魅力。如果喜歡重口味，可以用蠔油取代海鹽，或是直接用市售的黑胡椒牛排醬調味。

材料

洋蔥／一顆　　　黑胡椒／適量

奶油／15g　　　海鹽／少許

步驟

1. 洋蔥逆紋切絲，放入內鍋泡水後，能減低洋蔥本身的辛辣味。

2. 加入奶油、現磨黑胡椒和海鹽，外鍋半杯水按下開關蒸約 15 分鐘。

3. 開蓋，拌勻後試吃調味即可。

⭐ 如果喜歡更加熟軟，可以在外鍋加半杯水再次加熱延長按下開關蒸煮。

粉吹芋
日式馬鈴薯塊

粉吹芋是日式馬鈴薯塊的作法。
將煮熟的馬鈴薯在鍋內搖晃撞擊，除
了散去高溫水蒸氣，外層會變得鬆鬆
粉粉，加了橄欖油滲入了油脂後，即
便放涼也仍然濕潤，真的非常美味。
如果是搭配西式料理，可以用新鮮的
洋香菜（Parsley）、百里香或迷迭香。
佐日料時，細香蔥則是很棒的選擇。
乾燥的義大利綜合香料也可以。

 材料

| 馬鈴薯／中型的兩顆 | 海鹽／少許 |
| 橄欖油／3大匙 | 香草／少許 |

 步驟

1. 馬鈴薯去皮並挖除芽眼，切塊放入內
   鍋。外鍋一杯水按下開關蒸煮半小
   時。
2. 淋入橄欖油、海鹽和切碎的香草。
3. 用力搖晃至表層粉碎後，試吃調味即
   可。
⭐ 這時真的不要怕，大力用力的搖晃內
   鍋就對了

 POINT

💡 馬鈴薯在品種挑選上，適合做薯泥的，也會比較適
   合做這道料理，也就是要挑選粉質馬鈴薯，大多是
   褐皮馬鈴薯。

起司泡菜金針菇

　　孩子很喜歡韓式海苔包飯，為了增添營養，使用高纖又富含多醣體的金針菇，和開胃酸辣的韓式泡菜，最後加入起司讓整體風味更加圓融滑順。搭配韓式海苔和白飯享用，超美味的！

🥕 材料

金針菇／一包 (150g)

韓式泡菜／約 75g

蒜末／一茶匙

韓國香油／一大匙

鹽巴／少許

起司片／兩片

⏱ 步驟

1. 金針菇去除根部，切成三段。泡菜約是半份金針菇的量，切碎。

2. 內鍋依序放入香油、蒜末、金針菇、泡菜和少許鹽，外鍋半杯水按下開關蒸煮 15 分鐘。

3. 開蓋，拌勻後加入兩片起司，燜兩分鐘後試吃調味。

 POINT

💡 盛盤後可以再放些泡菜或蔥花，顏色會更好看。

蠔油雪菇西芹

蠔油是用牡蠣鮮蠔蒸煮的湯汁加以濃縮調製，現在很多人會用香菇素蠔油或醬油膏代替，我自己建議可以另外加上干貝 XO 醬，添香增鮮。

🥕 材料

雪白菇／一包 100g	香菇素蠔油／兩大匙
紅蘿蔔片／ 30g	干貝 XO 醬／一大匙
西洋芹／ 300g	米酒／一大匙

⏱ 步驟

1. 西洋芹從根部由內往外折裂後，向上拉去粗纖維。

⭐ 或是用削皮刀去除最外層粗纖維，可以讓口感更好。

2. 所有食材放入內鍋，外鍋半杯水按下開關蒸煮 15 分鐘。

3. 開蓋，拌勻後試吃調味即可。

我愛用的調味日常分享

　　我的廚房常備的調味醬料，除了最入門的油鹽醬醋糖，還有各國各味的風格調料。

　　建議如果預算許可，可以挑選架上品質較好（偏中高價位），好的調味品真的會讓料理風味更為豐滿芳醇，避開成分表上有太多化學名稱的產品，為了健康也為了料理滋味。也建議每次要更換品牌嘗試，才能試出心頭好。

#油品 是廚房的重中之重，因為在電鍋料理中，不會有高溫烹煮的狀況，所以除了習慣的料理用油，也可以放心使用高品質的橄欖油、麻油。

#醬油 建議常備台灣醬油和日式醬油，兩者風味相異，在台日式料理間不得混用。
如果日式料理加了萬家香醬油，會瞬間變成台菜（笑），另外醬油商品架上還有：蠔油、醬油膏、香菇素蠔油等，如果非常少下廚，建議擇一購買，或是用醬油加砂糖，在料理最後勾芡等料理手法取代。

#醋 的常備排行：
1. 白醋 2. 烏醋 3. 巴薩米克酒醋或柚子醋（看你更喜歡西式或日式料理囉）。
基本分為白醋與烏醋，另外則是醋的大千世界，有日式柚子醋、香醋、西式的蘋果醋或巴薩米克酒醋等等。其中蘋果醋可以用檸檬汁取代，巴薩米克酒醋則要特別選用可負擔預算內價位最高的品項，甘醇圓潤的風味非常迷人。

#可在有機商品店挑選醃漬品 醃漬品
我在做鳳梨苦瓜雞湯、蒸魚、或清粥小菜時，我發現台灣人喜歡的醃鳳梨、漬冬瓜、破布子、豆豉和豆腐乳等，在超市架上的商品大多都有化學成分，我個人不愛。後來在有機商店找到比較讓人安心的商品，大家可以參考看看。

我心儀自認必備的調味料還有：

* 牛頭牌沙茶醬，以前還有少許化學成分，在食安觀念升級後，我發現台灣人最愛的家常味也升級成無添加了（開心）台灣人在熱炒店吃過的組合，憑著印象就可以很好的運用。

* 米酒，我喜歡挑選天然釀造的純米米酒，醃肉或是在海鮮料理去腥。

* 品牌銀杏的蒜蓉小魚辣椒和 XO 干貝醬，拌炒蔬菜或海鮮，油飯或鍋燒意麵，都好。

* 無添加的泰式魚露，和香菜可以自成越式風格的快速高湯，涼拌洋蔥、小黃瓜或海鮮也很清爽鮮美。

* 李雪辣嬌的辣豆瓣，可以用在紅燒牛肉湯、麻婆豆腐、羊肉料理。

再度分享
廚房料理事

✨ Q1 電鍋放在哪裡好？

有些資深的電鍋煮婦會發現，如果將電鍋放在櫥櫃裡，數年後上方層板會變形剝落。那是因為電鍋烹調時，由於鍋蓋不是密封的，會不斷冒出水蒸氣，在熱與潮濕作用下影響用木屑組合的層板。避免這樣的狀況有兩個做法：

使用電鍋時搭配抽油煙機，只需要微弱的抽風處理所冒出的蒸氣。我會將電鍋放在靠近瓦斯爐的地方，但如果同時使用瓦斯爐，則不能使用這個方法，以免瓦斯爐火意外破壞電鍋。另外就是將電鍋放在上方沒有櫥櫃，周圍沒有木作的環境。例如牆面貼磁磚或玻璃材質，或是放在比較開闊的空間，避免熱蒸氣影響。

✨ Q2 在廚房裡一罐油就足夠了嗎？

電鍋料理不會超過 100 度，所以任何油都很適合用。挑選方式以架上中價位的，不要太便宜沒有化學添加即可。最常用的味道清淡，適合各種料理，可以替換輪流使用的：葡萄籽油、葵花油、玄米油、沙拉油。

另外，西式料理可以用品質比較好的橄欖油。以黑芝麻為原料製作的黑麻油適合搭配老薑用來煮冬季燉品。香油 / 胡麻油 / 白芝麻油，則百搭中、日、韓等料理。

✨ Q3 在廚房裡一把刀用到底好嗎？

我的第一把刀是西式主廚刀，再來是中式菜刀。另外生食和熟食可以分開準備，或是再切熟食前用熱水入水燙過刀具。對於刀具我的堅持是每週要磨刀，傳統市場會有幫忙磨刀的服務（每季一次），搭配居家磨刀石（每週一次）。

✧ Q4 外鍋如果不加水，電鍋乾燒會壞掉嗎？

平時在電鍋的外鍋加水後蒸煮加熱，待水燒乾後，電鍋會在超過攝氏 100 度後自動跳停。
所以其實每次使用電鍋，它都會經歷乾燒階段！但電器都有故障風險，建議搭配計時器更
放心。

✧ Q5 電鍋使用過後需要清洗嗎？

每次使用完的步驟：1. 拔掉電源 2. 架起鍋蓋 3. 濕抹布將鍋底擦乾淨。
如果鍋底很髒，需要用軟質菜瓜布刷洗乾淨。非常乾淨則不用特別清洗。外鍋有髒污的話，
在烹煮過程會產生焦味，影響到料理的香氣。

每晚小清理
整理廚房時，都順手將電鍋用濕抹布擦乾淨。

每週洗香香
可以放擠剩檸檬的檸檬，和兩杯水加熱後倒掉，再用濕抹布擦乾淨。

每月刷亮亮
特別有髒污焦垢或是暗沈的水垢，用牙膏刷洗就可以煥然一新喔！

✦ Q6 原來電鍋能變身烘碗機，你知道嗎？

廚娘造訪親戚廚房時發現，電鍋裡竟然放滿乾淨的碗盤！

這個操作很神奇，好奇心作祟，我當然要問問為什麼呀？一問之下才發現一原來少量碗盤，可以搭配線條蒸架來烘乾碗盤，順便達到殺菌的目的。可以按下開關加熱烘乾，或是利用保溫的熱度，大概到下一餐的時間，剛好烘乾完成了。我在煎牛排時，也會將盤放在電鍋裡，運用來當暖盤功能，這真的是台灣人特有的生活智慧！

✦ Q7 在電鍋裡的菜，要怎麼不被燙傷的拿出來？

如果你剛開始使用電鍋，建議在真的開始料理前，電鍋尚未加熱時，將你要放的內鍋配件，放入電鍋內再取出，這樣排演一次，就能確保料理過程可以從容優雅。

在網路可以搜尋「防燙夾」會有很多款式。最多人使用的是電鍋夾，使用時可以很有安全感的將碗盤取出，缺點是如果內鍋尺寸較大，沒有空間可以放入電鍋夾。遇到這樣狀況，可以用個筷子或叉子將內鍋一側撬起，再卡入電鍋夾。

我最愛用防燙夾，好處是任何內鍋配件都可以輕鬆取出。缺點是如果內鍋食材分量大的時候，單手出力會比較負擔。如果是這樣狀況，將內鍋取出放在電鍋旁邊後，再改用廚房手套端上桌即可。另外也有萬能烹飪夾、茶碗蒸專用夾等等。

✦Q8 在電鍋裡蒸架放與不放的時機？

取決料理是燉煮或是蒸煮，大的內鍋底直接與加熱，等於是小火燉煮。放蒸架或是在內鍋上加層蒸盤，就是單純用蒸氣加熱，適用蒸魚，覆熱包子饅頭麵包等。沒有蒸架，則是兼具蒸氣加熱，與內鍋底部與加熱板接觸的部分直接加熱，適用於燉煮滷物，像是雞湯或熬粥。

注意：單純煮飯不用放蒸架喔！如果將陶瓷碗盤放入內鍋，因為怕冷熱溫差會導致破裂，最好在底下加蒸架。

太感謝了！有電鍋就會煮

小廚娘邱韻文一鍵搞定 80 ＋零失敗料理，
人氣家常菜、低脂雞胸肉、營養蛋料理、高纖健康蔬食、在家的元氣早餐、清爽快手海鮮

作　　　者／邱韻文
插圖畫家／Lisa Q
人物攝影／楊晴晴
美術編輯／申朗創意
責任編輯／劉文宜
企畫選書人／賈俊國

總　編　輯／賈俊國
副總編輯／蘇士尹
編　　　輯／黃欣
行銷企畫／張莉滎‧蕭羽猜‧溫于閎

發　行　人／何飛鵬
法律顧問／元禾法律事務所王子文律師
出　　　版／布克文化出版事業部
　　　　　　115 台北市南港區昆陽街 16 號 4 樓
　　　　　　電話：(02)2500-7008　傳真：(02)2500-7579
　　　　　　Email：sbooker.service@cite.com.tw
發　　　行／英屬蓋曼群島商家庭傳媒股份有限公司城邦分公司
　　　　　　115 台北市南港區昆陽街 16 號 8 樓
　　　　　　書虫客服服務專線：(02)2500-7718；2500-7719
　　　　　　24 小時傳真專線：(02)2500-1990；2500-1991
　　　　　　劃撥帳號：19863813；戶名：書虫股份有限公司
　　　　　　讀者服務信箱：service@readingclub.com.tw
香港發行所／城邦（香港）出版集團有限公司
　　　　　　香港九龍土瓜灣土瓜灣道 86 號順聯工業大廈 6 樓 A 室
　　　　　　電話：+852-2508-6231　　傳真：+852-2578-9337
　　　　　　Email：hkcite@biznetvigator.com
馬新發行所／城邦（馬新）出版集團 Cité (M) Sdn. Bhd.
　　　　　　41, Jalan Radin Anum, Bandar Baru Sri Petaling,
　　　　　　57000 Kuala Lumpur, Malaysia
　　　　　　電話：+603- 9056-3833　　傳真：+603- 9057-6622
　　　　　　Email：services@cite.my
印　　　刷／韋懋實業有限公司
初　　　版／2022 年 08 月　　初版 2.5 刷／2024 年 08 月
定　　　價／380 元
Ｉ Ｓ Ｂ Ｎ／978-626-7126-54-7（平裝）
Ｅ Ｉ Ｓ Ｂ Ｎ／978-626-7126-35-6（EPUB）

城邦讀書花園　布克文化
www.cite.com.tw　WWW.SBOOKER.COM.TW